目录
Contents

内容提要

　　本书便携版提供了410科昆虫的简便鉴别方法，这些方法源于作者在昆虫分类与野外识别领域的长期实践与探索，实用性极强。为方便读者野外携带及使用，便携版采用了小开本、耐磨封面等设计。为便于读者理解，本书文字简明、通俗，生态照片特征分明，还采用了世界最新昆虫分类体系（涉及广义昆虫4纲35目）。全书照片多达700余幅，读者可以直观地进行野外昆虫对照识别。本书是广大生物专业、植保专业人士不可多得的野外实习工具书，也非常适合昆虫爱好者和生态摄影爱好者作为参考书。

图书在版编目（CIP）数据

昆虫家谱：世界昆虫410科野外鉴别指南：便携版
张巍巍著．--重庆：重庆大学出版社，2018.8（2022.8 重印）
（好奇心书系）
ISBN 978-7-5689-1061-3

I.①昆…　II.①张…　III.①昆虫学—普及读物
IV.①Q96-49

中国版本图书馆CIP数据核字（2018）第088216号

昆虫家谱
世界昆虫410科野外鉴别指南
（便携版）

KUNCHONG JIAPU
SHIJIE KUNCHONG 410 KE YEWAI JIANBIE ZHINAN

张巍巍 著
策　划：鹿角文化工作室
责任编辑：梁 涛　版式设计：周 娟 刘 玲 代 艳
责任校对：张红梅　责任印刷：赵 晟
*
重庆大学出版社出版发行
出版人：饶帮华
社址：重庆市沙坪坝区大学城西路21号
邮编：401331
电话：(023) 88617190　88617185（中小学）
传真：(023) 88617186　88617166
网址：http://www.cqup.com.cn
邮箱：fxk@cqup.com.cn（营销中心）
全国新华书店经销
重庆市联谊印务有限公司印刷
*
开本：787mm×1092mm　1/16　印张：18.25　字数：578千
2018年8月第1版　2022年8月第3次印刷
印数：9 001—13 000
ISBN 978-7-5689-1061-3　定价：99.80元

昆虫家谱（便携版）

张巍巍 著

世界昆虫410科野外鉴别指南
INSECT GENEALOGY

重庆大学出版社

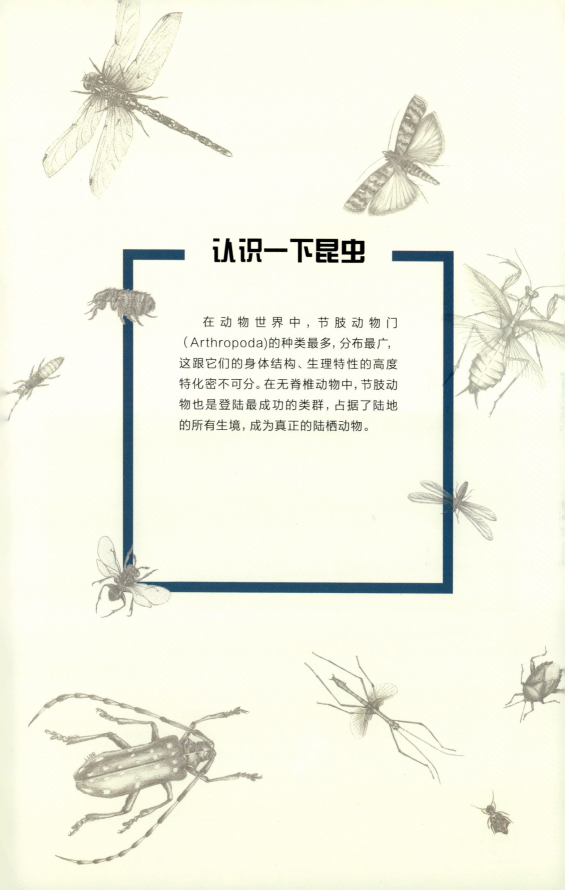

认识一下昆虫

在动物世界中，节肢动物门（Arthropoda)的种类最多，分布最广，这跟它们的身体结构、生理特性的高度特化密不可分。在无脊椎动物中，节肢动物也是登陆最成功的类群，占据了陆地的所有生境，成为真正的陆栖动物。

奇形怪状的昆虫

昆虫的主要特征

- 身体由若干环节组成，这些环节集合成头、胸、腹3个部分；
- 头部不分节，是感觉与取食的中心，具有口器和1对触角，通常还有复眼和单眼；
- 胸部分为3节，一些种类其中某一节特别发达而其他两节退化得较小；
- 胸部是运动的中心，具有3对足，一般成虫还有2对翅，也有一些种类完全退化；
- 腹部应该分为11节，但也常常演化为8节、7节或4节，节数虽不相等，但都没有足或翅等附属器官着生；
- 腹部是生殖与营养代谢的中心，其中包含着生殖器官及大部分内脏；
- 昆虫在生长发育过程中，通常要经过一系列内部及外部形态上的变化，即变态过程；
- 昆虫整个身体表面都硬化成体壁，这个包住身体的壳被称为"外骨骼"；
- 由于坚硬的外骨骼不会跟着身体一起长大，因此昆虫随着身体的成长必须一次次褪掉它们的外壳。

全世界已知昆虫约有100万种，有人估计实际数字至少有200万种。昆虫约占动物界种数的80%，每年还陆续发现近万个新种。中国已知昆虫10万多种。

昆虫在地球上出现于约3.5亿年前，经历了漫长的演化历程。昆虫的起源有多种学说，一类学说认为由水栖祖先演化而来，如三叶虫起源说和甲壳类起源说；另一类学说认为由陆栖祖先起源，如多足纲、唇足纲、综合纲是昆虫的近缘。

广义的昆虫是指所有的六足动物，即六足总纲Hexapoda，也就是本书所涉及的范围。现生的六足总纲中，共计包括原尾纲Protura 3个目、弹尾纲Collembola 4个目、双尾纲Diplura 1个目和昆虫纲Insecta 30个目。

> **昆虫的头部：** 头部是昆虫的第一个体段。昆虫的头部通常着生有1对触角，1对复眼，1~3个单眼和口器。昆虫的头部是感觉和取食的中心。

头式

昆虫种类多，取食方式各异，取食器官在头部着生的位置各不相同。根据口器在头部着生的位置，昆虫的头式可分为下口式、前口式、后口式3种类型。

下口式

口器着生在头部下方，头部的纵轴与身体的纵轴垂直，如蝗虫等。

❶ 蝗虫为下口式。

前口式

口器着生在头部前方，头部的纵轴与身体的纵轴几乎平行，如步甲等。

❷ 步行虫为前口式。

后口式

口器向后伸，贴在身体的腹面，头部的纵轴与身体的纵轴成锐角，如蝉等。

❸ 猎蝽为后口式。

眼睛

昆虫的眼睛有两种：一种为复眼，一种为单眼。绝大多数昆虫头部具单眼和复眼。

复眼的功能是能成像。昆虫的复眼是别具一格的，它们的每只复眼都是由很多只六边形的小眼紧密排列组合而成的。复眼的小眼数量越多，分辨率越高，视野通常越宽广。复眼的发达程度和小眼面的多少因种类不同而不同。例如，有一种蚂蚁的工蚁，复眼仅有1个小眼面，而蜻蜓的复眼则由10 000~28 000个小眼面组成。

单眼一般为卵圆形。昆虫的单眼结构极其简单，只不过是一个突出的水晶体，内部是一团视觉细胞，因此功能简单，单眼只感光不成像，但可辨别明暗和距离远近。

复眼

❶ 蜻蜓的复眼十分巨大，小眼面最多。

❷ 木蜂的巨大复眼。

单眼

❸ 胡蜂的3个单眼位于两复眼之间，非常明显。

口器

口器是昆虫取食的器官，依据取食方式的不同，口器可分为多种类型。

咀嚼式口器

最原始的口器形式，适用于取食咀嚼固体食物。

① 螽斯的咀嚼式口器。
② 步甲的咀嚼式口器。

刺吸式口器

总称为喙，能刺破动、植物组织，有特化成细长的口针。

③ 蚊子的刺吸式口器。
④ 蝽类的刺吸式口器。

舐吸式口器

下唇发达，将舌及上唇包在其中，下端有盘状的唇瓣，适于舐吸食物。

⑤ 实蝇的舐吸式口器。

虹吸式口器

为鳞翅目成虫所具有，具1条外观如发条状的、能卷曲和伸展的喙，适于吸吮深藏花管底部的花蜜。

⑥ 弄蝶的虹吸式口器。

①

②

捕吸式口器

为脉翅目昆虫的幼虫所独具，最显著的特征是成对的上、下颚分别组成1对刺吸构造，因而又有双刺吸式口器之称。

① 蚁蛉幼虫蚁狮的捕吸式口器。

刺舐式口器

能切破动物比较坚硬的皮肤，并有口针吸食血液。

② 虻科昆虫的刺舐式口器。

嚼吸式口器

既能咀嚼固体食物，又能吮吸液体食物的口器，为部分高等膜翅目昆虫所特有。

③ 熊蜂的嚼吸式口器。

③

触角

触角是主要的感觉器官，有嗅觉、触觉和听觉的功能。触角能够帮助昆虫寻找食物和配偶，并探明身体前方有无障碍物。

触角窝

梗节

鞭节

柄节

线状触角

也称丝状触角，细长，呈圆筒形。除第一、二节稍大外，其余各节大小、形状相似，逐渐向端部变细。

❶ 姬蜂的线状触角。

❶

念珠状触角

　　鞭节由近似圆珠形的小节组成，大小一致，像一串念珠。

❶ 白蚁的念珠状触角。

锯齿状触角

　　鞭节各亚节的端部一角向一边突出，像一个锯条。

❷ 叩甲的锯齿状触角。

栉齿状触角

　　鞭节各亚节向一边突出很长，形如梳子。

❸ 鱼蛉的栉齿状触角。

羽状触角

也称双栉状触角,其鞭节各亚节向两边突出呈细枝状,很像鸟的羽毛。

❶ 天蚕蛾的羽状触角。

膝状触角

柄节特别长,梗节短小,鞭节由大小相似的亚节组成,在柄节和梗节之间呈肘状或膝状弯曲。

❷ 胡蜂的膝状触角。

刚毛状触角

触角很短,基部的第一、二节较大,其余的节突然缩小,细似刚毛。

❸ 豆娘的刚毛状触角。

具芒触角

触角很短,鞭节仅1节,较柄节和梗节粗大,其上有1根刚毛状或芒状构造,称为触角芒。触角芒有的光滑,有的具毛或呈羽状。这类触角为双翅目蝇类所特有。

❹ 蚜蝇的具芒触角。

环毛状触角

　　除基部两节外，每节具有一圈细毛，近基部的毛较长。

❶ 摇蚊的环毛状触角。

棒状触角

　　又称球杆状触角，细长，近端部的数节膨大如椭圆球状。

❷ 蝶角蛉的棒状触角。

锤状触角

　　鞭节端部数节突然膨大，形状如锤。

❸ 伪瓢虫的锤状触角。

鳃状触角

　　端部数节扩大成片状，可以开合，状似鱼鳃。这种触角为鞘翅目金龟子类所特有。

❹ 云斑鳃金龟雄虫的触角特写。

> **昆虫的胸部：** 胸部是昆虫的第二个体段，是昆虫的运动中心，由3个体节组成，即前胸、中胸和后胸。大部分有翅昆虫成虫的中胸和后胸各生有1对翅，几乎所有的昆虫若虫和成虫都有3对胸足，每节1对。

胸足

昆虫的种类不同，习性不同，生活的场所也不同。为了适应不同的生活环境，足的形状发生了很大的变化，从单一的行走功能逐渐发展为具有多种功能的器官。

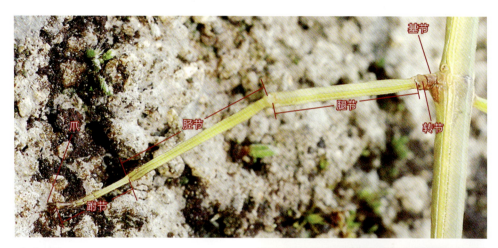

步行足

昆虫中最基本也最常见的是步行足，它们的外形细长，各节也没发生显著的变化，最适于担负行走的功能。

① 叶甲的六足皆为步行足。

跳跃足

蝗虫、蟋蟀、蚤蝼、跳甲等昆虫十分善跳，它们的后足腿节膨大，适合跳跃。

② 蝗虫的后足为跳跃足。

捕捉足

　　螳螂、猎蝽等捕食性昆虫前足的基节延长，腿节腹面有槽，胫节可以折嵌到腿节的槽中，腿节和胫节上还常装备着锐刺，是捕捉猎物的有力武器。

❶ 螳螂的前足为捕捉足。

开掘足

　　蝼蛄等昆虫的前足又粗又壮，上面还有几个大齿，像是专门挖土的铲子，适合掘土。

❷ 蝼蛄的前足为开掘足。

携粉足

　　蜜蜂的后足胫节特化得又宽又扁，上面有长毛相对环抱，专门用来携带花粉，被称作花粉篮。

❸ 蜜蜂的后足为携粉足，可以看到携带了大团的黄色花粉。

游泳足

　　龙虱、仰泳蝽的身体接近流线形,中足和后足又长又扁,向里的一面还长着一排整齐的长毛,就像4支划船用的桨。

❶ 龙虱的游泳足。

抱握足

　　雄性龙虱的前足跗节特别膨大,上面还有吸盘状的构造,交配时用以挟持雌虫,这种足称为抱握足。

❷ 雄性龙虱的前足为抱握足。

攀缘足

　　生活在毛发上的虱类,足的各部分极度特化,为钳状的构造,牢牢地夹住寄主的毛发。

❸ 头虱的足为攀缘足。

翅膀

昆虫翅的主要作用是飞行，一般为膜质。但不少昆虫长期适应其生活条件，前翅或后翅发生了变异，质地也发生了相应变化。昆虫翅的类型是昆虫分目的重要依据之一。

膜翅

其质地为膜质，薄而透明，翅脉明显可见，如蜂、蜻蜓的前后翅；甲虫、蝗虫等的后翅。

❶ 蜻蜓的前后翅都是膜翅。

复翅

其质地较坚韧似皮革，翅脉大多可见，但不司飞行，平时覆盖在体背和后翅上，有保护作用。蝗虫等直翅目昆虫的前翅属此类型。

❷ 蟑螂的前翅为复翅。

鞘翅

其质地坚硬如角质，不司飞行，用以保护体背和后翅。甲虫等鞘翅目昆虫的前翅属于此类型。

1 锹甲的前翅为鞘翅。

半鞘翅

其基半部为皮革质，端半部为膜质，膜质部的翅脉清晰可见。蝽类等半翅目的前翅属于此类型。

2 猎蝽的前翅为半鞘翅。

鳞翅

其质地为膜质，但翅面上覆盖有密集的鳞片。蛾、蝶类等鳞翅目的前、后翅属于此类型。

3 凤蝶的翅膀显微图，体现出鳞片的形状（张超 摄）。

4 蛾类的前后翅都是鳞翅。

毛翅

其质地为膜质，但翅面上覆盖一层较稀疏的毛。石蛾等毛翅目昆虫的前、后翅属于此类型。

5 石蛾的前后翅都是毛翅。

6 石蛾的毛翅显微图。

缨翅

其质地为膜质，翅脉退化，翅狭长，在翅的周缘缀有很长的缨毛。蓟马等缨翅目的前、后翅属于此类型。

❶ 蓟马的缨翅（刘晔 摄）。

平衡棒

双翅目昆虫和雄蚧的后翅退化，形似小棍棒状，无飞翔作用，但在飞翔时有保持体躯平衡的作用。捻翅目雄虫的前翅也呈小棍棒状，但无平衡体躯的作用，称为伪平衡棒。

❷ 沼大蚊的后翅退化为平衡棒。

> **昆虫的腹部：** 腹部是昆虫的第三个体段，是昆虫新陈代谢和生殖的中心。腹部通常由9~11个体节组成。腹部1~8节两侧有气门，腹腔内着生有内部器官，末端有尾须和外生殖器。

尾须和尾铗

尾须是着生于昆虫腹部第十一节两侧的1对须状构造，分节或不分节，具有感觉作用。

尾须和尾铗

❶ 蟋蟀细长的尾须。

❷ 蟑螂短粗的尾须。

❸ 革翅目的尾须特化成为尾铗。

❹ 部分种类的蜉蝣除了两根长长的尾须之外，还有1根很长的中尾丝。

❺ 螳蝎蝽的第八腹节背板变形，成为1对丝状构造，合并成1个长管，伸出于腹后，并接触水面，为呼吸管（寒枫 摄）。

外生殖器

　　雌性外生殖器就是产卵器，位于第八节至第九节的腹面，主要由背产卵瓣、腹产卵瓣、内产卵瓣组成。

　　雄性外生殖器就是交尾器，位于第九节腹面，主要由阳具和抱握器组成。

外生殖器

① 蟋蟀的针管状产卵器。　② 螽斯的马刀状产卵器。　③ 鳃金龟腹部末端伸出的雄性外生殖器。

昆虫的华丽变身

　　昆虫在生长过程中，身体不断变大，外部形态和组织等方面都在发生着变化。从卵孵化出来的初龄幼（若）虫到性成熟的成虫，总会有或多或少的变化，这一点从外形上就可轻易看出。人们将胚后发育过程中从幼期状态改变为成虫状态的变化，称为"变态"。

　　昆虫的变态有多种类型，其中最主要的有不全变态和全变态两类。

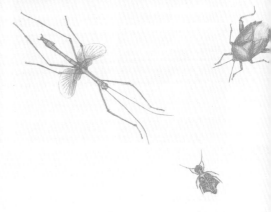

不全变态的昆虫

　　不全变态有3个虫期，即卵期、幼期和成虫期。成虫期的特征随着幼期的不断生长发育而逐步显现出来，翅在幼期的体外得以发育。不全变态又可分为3类：半变态、渐变态、过渐变态。这里主要介绍常见的半变态和渐变态两类。

半变态

　　蜉蝣目、蜻蜓目、襀翅目的幼期水生，其体形、呼吸器官、取食器官、运动器官以及行为等都与成虫迥异，其幼期被称为稚虫。

碧伟蜓 *Anax parthenope* （蜻蜓目 蜓科）

变态过程

❶ 产在水中的碧伟蜓卵（莫善濂 摄）。

❷ 碧伟蜓的稚虫（水虿）（王江 摄）。

❸ 碧伟蜓羽化瞬间（王江 摄）。

❹ 羽化完成尚未起飞的碧伟蜓（王江 摄）。

❺ 碧伟蜓在水中植物茎或树皮缝隙处产卵（陈尽 摄）。

渐变态

直翅目、竹节虫目、螳螂目、蜚蠊目、等翅目、革翅目、啮虫目、纺足目、半翅目（大部分）的幼期与成虫的体形类似，其生活环境和食性也基本相同，这样的不全变态被称为渐变态，其幼期被称作若虫。

荔枝蝽 *Tessaratoma papillosa* （半翅目 荔蝽科）

变态过程

❶ 荔枝蝽的成虫每次产14粒卵，一生可产10次以上。

❷ 荔枝蝽孵化后的卵壳。

❸ 荔枝蝽1龄若虫。

❹ 荔枝蝽2龄若虫。

❺ 荔枝蝽3龄若虫，其后胸外缘被中胸及腹部第一节外缘所包围。

❻ 荔枝蝽4龄若虫，其中胸背板两侧翅芽明显，长度伸达后胸后缘。

❼ 荔枝蝽5龄若虫，其中胸背面两侧翅芽伸达第三腹节中间。

❽ 即将羽化的荔枝蝽5龄若虫，全身被白色蜡粉。

❾ 荔枝蝽成虫。

❿ 交配中的荔枝蝽。

完全变态的昆虫

　　脉翅目、广翅目、蛇蛉目、鞘翅目、捻翅目、双翅目、长翅目、蚤目、毛翅目、鳞翅目、膜翅目昆虫的一生要经过卵期、幼虫期、蛹期和成虫期4个阶段，为完全变态。完全变态昆虫的幼虫与成虫不仅在外部形态和内部结构上区别明显外，在生活习性和食性方面也有很大差异。

绿带翠凤蝶 *Papilio maackii* （鳞翅目 凤蝶科）

变态过程

① 绿带翠凤蝶的卵，已由淡黄色渐变为浅黑色，说明蝶宝宝就要出来了（王江 摄）。

② 绿带翠凤蝶初龄幼虫从卵里孵化出来，在啃食卵壳，这是它们的第一顿饭（王江 摄）。

③ 绿带翠凤蝶的4龄幼虫，体色已经从灰黑色变为翠绿色，但依旧为鸟粪状（王江 摄）。

④ 绿带翠凤蝶的5龄幼虫，受惊吓时吐出V形臭线，发出难闻的臭味，用以吓退天敌（王江 摄）。

⑤ ⑥ 绿带翠凤蝶(春型)化蛹（王江 摄）。

⑦ 刚刚羽化的绿带翠凤蝶(春型)雄蝶（王江 摄）。

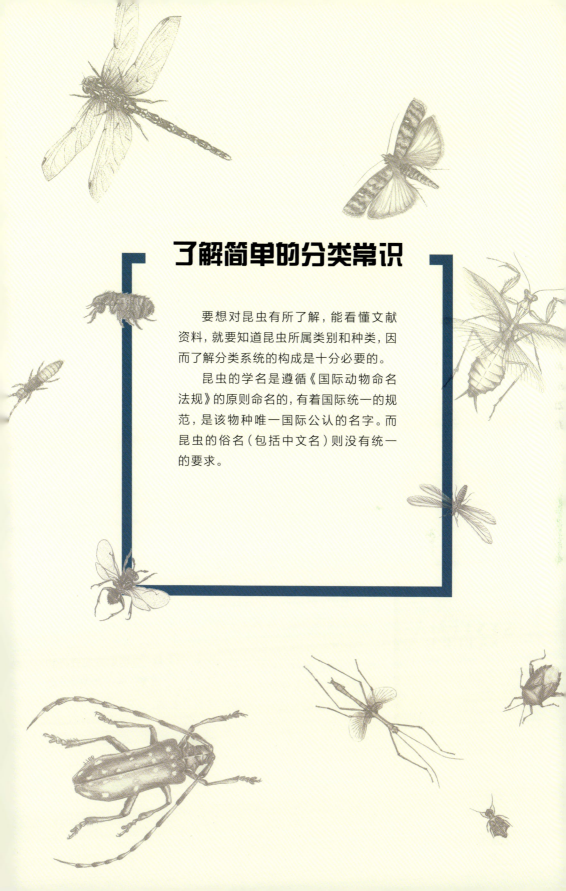

了解简单的分类常识

　　要想对昆虫有所了解，能看懂文献资料，就要知道昆虫所属类别和种类，因而了解分类系统的构成是十分必要的。

　　昆虫的学名是遵循《国际动物命名法规》的原则命名的，有着国际统一的规范，是该物种唯一国际公认的名字。而昆虫的俗名（包括中文名）则没有统一的要求。

给昆虫起名字

说到昆虫的名字,首先要了解什么叫作"物种"(species)。物种是分类学的基本阶元,其判定标准至今仍有着广泛的争议。目前,人们普遍接受的生物学物种概念是:物种是自然界能够交配、产生可生殖后代,并与其他种群存在有生殖隔离的群体。

从人们开始认识昆虫世界起,就产生了各种各样的名字。可以说,同一种昆虫,有多少种不同的语言,就有多少种不同的叫法。例如蝼蛄,在我国各地就有不同的称谓,如拉拉蛄、土狗儿等。这些叫法,我们称之为俗名。但从科学的角度来说,一个世界公认的名字是非常必要的。

卡尔·冯·林奈
(Carl von Linné)

18世纪中叶,瑞典人卡尔·冯·林奈(Carl von Linné)编著了《自然系统》一书,对动植物的分类及其方法进行研究。目前人们公认的动植物命名方法,就是以1758年《自然系统》(第10版)作为起点。

林奈提出的命名方法被称为"双名法",即物种的学名由两个拉丁词组成,第一个词为属名,第二个词为种本名。例如,金凤蝶的学名是: *Papilio machaon*,在分类学著作中,学名后面还常常加上定名人和定名的年代,如*Papilio machaon* Linnaeus, 1758。这说明金凤蝶是由林奈于1758年命名的,但定名人的姓氏和年代并不包括在双名法之内。双名法规定的拉丁学名在印刷物中,通常为斜体字。

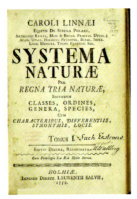
《自然系统》(第10版)封面

拉丁学名是该物种唯一的科学名称,包括中文名在内也是一样,并不存在"中文学名"一说。当然,统一中文名,便于大家使用和记忆,还是非常有必要的。

将昆虫归类

有了名字，还要归类，否则就乱成一锅粥了。因此，就有了分类阶元，用以体现动物与动物、昆虫与昆虫之间的亲缘关系。亲缘关系近的种类组合成属（genus），特征相近的属组合成一个科（family），相近的科组成目（order），相近的目组成纲（class），这些属、科、目、纲等就是分类阶元。以金凤蝶为例，其分类地位如下：

界（kingdom）：动物界 Animalia

门（phylum）：节肢动物门 Arthropoda

纲（class）：昆虫纲 Insecta

目（order）：鳞翅目 Lepidoptera

科（family）：凤蝶科 Papilionidae

属（genus）：凤蝶属 *Papilio*

种（species）：金凤蝶 *Papilio machaon*

这是分类的7个主要阶元，但是昆虫种类繁多，进化的程度不同，关系极为复杂。因此，常常会在这7个阶元之下加上亚（sub-），如亚目、亚科、亚种等；在其之上加上总（super-），如凤蝶总科、蜡蝉总科等；在科属之间，则常常会加上族（tribe），如树蚁蛉族、虎天牛族等。

由于地理隔离，不同种群之间难以得到基因的交流，各自开始向不同的方向演化，并有了相当程度的变异，且这种变异是相对稳定的。但是，这些种群之间可以进行杂交，并产生可以繁殖的后代，因此并未达到种的级别，这种情况下，就定为亚种，又称地理亚种。亚种采用的是三名法，就是在属名、种名之后加上一个亚种名，如西藏分布的金凤蝶为：金凤蝶西藏亚种 *Papilio machaon asiaticus* Ménétriés, 1855。

金凤蝶 *Papilio machaon* Linnaeus, 1758

　　如果一个昆虫只鉴定到了属，具体种未定，那么通常用sp.来表示，如*Papilio* sp.表示的就是凤蝶属的一个种；多于一个种的时候，用spp.表示，如*Papilio* spp.表示的就是凤蝶属的两个或多个种。

　　我们经常看到种名之后的定名人加了括号，那就是说属一级的分类地位发生过变化，如中华稻蝗的学名最初发表时为*Gryllus chinensis* Thunberg，后经研究发现，应该归属于*Oxya*属，因此现在的学名变为*Oxya chinensis* (Thunberg)。因此，定名人的括号是不能随意增减的。

　　有人说，昆虫分类的著作很难看懂，特别是那些外文图书，就算是图鉴也很难知道在说些什么。其实，这里面也是有窍门的，因为一些分类阶元的学名有固定的词尾。其中，总科的词尾是-oidea，科的词尾是-idae，亚科则是-inae，族为-ini。例如，凤蝶属的学名为*Papilio*，凤蝶族的学名为Papilionini，凤蝶亚科为Papilioninae，凤蝶科是Papilionidae，凤蝶总科则为Papilionoidea。掌握了这些，别说是英语、法语，就是阿拉伯语的昆虫图鉴，也照样可以看明白了。

昆虫家谱

　　全世界已知昆虫种类超过100万种，中国已知超过10万种。

　　在这里，介绍了大多数在野外可以见到的广义的昆虫（六足总纲）的"科"，共计4纲35目410科。为了节约篇幅，在这本便携版中，我们只选择了有代表性的部分种类加以介绍，并且仅涉及成虫。如果需要更加全面地了解昆虫全貌，请参考原书内容。

原尾纲 | **PROTURA**

举足代角原尾纲，湿润腐土趋避光；腹部共分十二节，前三腹足生两旁。

原尾纲统称原尾虫，是一类原始的广义昆虫，曾经被列为昆虫纲无翅亚纲的一个目，现与昆虫纲等并列为六足总纲（Hexapoda）的一个纲。原尾纲已知共有3目10科600余种，我国现已记录164种。

原尾虫行动迟缓，生活在石下、土壤和腐叶层中，喜潮湿环境。由于身体极其微小，呈半透明的体色，因此很难被发现。

一种分布在英国的**原尾虫**，其半透明的微小身体在石块之下，很难被人发现（Andy Murray 摄）。

▶ 主要特征

❶ 体呈半透明状；

❷ 微小细长，长度不超过2 mm；

❸ 无触角、复眼和单眼，仅有1对假眼，为其特有的感觉器官；

❹ 前胸足较长，向头前伸出，犹如其他昆虫的触角。

弹尾纲 | **COLLEMBOLA**

蹦蹦跳跳弹尾纲，腹部六节最寻常；腹管弹器皆特化，种群密度盖无双。

弹尾纲种类通称跳虫，是一类原始的六足动物，现代的动物分类学将它们单独列为弹尾纲。从广义上来说，也可以将它们列入昆虫中，并且是一类非常原始的昆虫。因为该类昆虫的腹部末端有弹跳器，故此得名，俗称跳虫或弹尾虫。

跳虫广泛分布于世界各地，目前全世界已知达8 000种，我国已经发现并定名的约320种。

跳虫的体色多样，有的灰黑色，接近土壤的颜色；有的白色或透明，具有很多土壤动物的特点；有些则具有鲜明的红色、紫色或蓝色，非常抢眼。跳虫常大批群居在土壤中，多栖息于潮湿隐蔽的场所，如土壤、腐殖质、原木、粪便、洞穴，甚至终年积雪的高山上也有分布。跳虫的集居密度十分惊人，曾有人在1英亩（1英亩=4 046.86 m²）草地的表面至地下9英寸（1英寸=0.025 4 m）深的范围内发现了约2亿3 000万只跳虫。

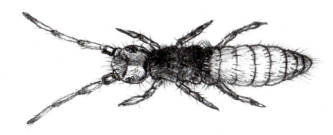

▶ 主要特征

❶ 体微小型至中小型，体长0.2~10 mm，一般为1~3 mm；

❷ 长形或圆球形，身体裸出或被毛或被鳞片；

❸ 头下口式或前口式，能活动；

❹ 复眼退化，每侧由8个或8个以下的圆形小眼群组成，有些种类无单眼；

❺ 触角丝状，4节，少数5节或6节；

❻ 腹部6节，第一节腹面中央具1柱形黏管，第四节或第五节上有弹跳器，平时弹跳器被黏管黏住，需要时吸管一松，通过跳器一弹，即可跳跃；

❼ 无尾须。

原跳虫目 PODUROMORPHA

疣跳虫科 Neanuridae

- 体长1.5~5 mm;
- 腹部的弹跳器退化，是少数不会跳跃的跳虫之一;
- 体上有众多瘤状突起;
- 色彩一般为较为鲜艳的蓝色或红色;
- 疣跳虫动作迟缓，爬行较慢;
- 生活在海边、朽木、石下等潮湿环境中。

❶ 有些种类的**疣跳虫**也生活在土中。

棘跳虫科 Onychiuridae

- 体线形，长为1~2.5 mm;
- 体无色素，大部分种类为白色;
- 触角4节，较短，通常为圆锥形;
- 无眼，但头和身体上有较多假眼;
- 弹器已经退化，以至于绝大多数种类没有弹器;
- 多生活在腐殖质丰富的潮湿土壤中，部分种类有为害植物的记载。

❷ **棘跳虫**多在石块或落叶层下的土壤中被发现。

长跳虫目 ENTOMOBRYOMORPHA

鳞跳虫科 Tomoceridae

- 大型的地表种类，常见的一些种类长度可以达10 mm;
- 体上的鳞片有明显的突起或有沟;
- 多见于树皮下、石下、落叶层中，也有些种类处于洞穴中。

❸ 朽木中生活的**鳞跳虫**。

等节跳虫科 Isotomidae

- 体长多在8 mm之内，是跳虫中的大块头之一；
- 体色通常是灰黑色、黄色甚至无色透明的；
- 腹部各节长度相差不大；
- 生活在阴暗潮湿的环境中。

❶ 树皮下是**等节跳虫**的栖息场所之一。

长角跳虫科 Entomobryidae

- 个体相对较大，体长1~8 mm，有些甚至更长；
- 体长形，触角较长，有些种类甚至超过体长；
- 体通常长有许多长毛；
- 体色多为暗淡的灰色、白色、黄色和黑色；
- 善于跳跃；
- 在野外最容易遇到的跳虫类群，常生活在阴暗的林下落叶、树皮、真菌、土壤表层等处，有些种类甚至出现于人类的居所中。

❷ 在林间朽木上生长的菌类表面，可以发现**长角跳虫**。

爪跳虫科 Paronellidae

- 身体有或无鳞片；   - 小眼8个分两排排列；   - 大型的地上种类，常见于树叶或树干、枯木上。

❸ **爪跳虫**通常夜间活动，可发现于树干或者叶片上，有时也可发现于枯草表面。

愈腹跳虫目 | SYMPHYPLEONA

伪圆跳虫科 Dicyrtomidae

- 体长多在3 mm以内；
- 体近乎球形；
- 触角第四节远短于第三节；
- 胸部和腹部分节不明显；
- 体色通常为黄色、粉色、红色或褐色等，有些还带有花纹；
- 多见于朽木、石下、落叶内等潮湿阴暗的环境。

❶ 这种色彩鲜艳的**伪圆跳虫**在朽木的树皮下面被发现。

圆跳虫科 Sminthuridae

- 体近球形；
- 胸部各节愈合；
- 触角第四节长于第三节，较容易与伪圆跳虫区分；
- 大部分种类生活在地表，生活环境多样，以阴湿环境为主。

❷ **圆跳虫**生活在潮湿的土壤表面，外形跟伪圆跳虫相近，很像一只小兔子。

双尾纲 | **DIPLURA**

盲目阴生双尾纲，触角犹如念珠状；细长尾须或尾铗，一七刺突与泡囊。

双尾纲原属于昆虫纲双尾目，现独立成为一个纲，但仍属广义的昆虫范畴。双尾纲通称"虮"，体长一般在20 mm以内，最大的可达58 mm。双尾纲主要包括两大类：双尾虫和铗尾虫。双尾虫具有1对分节的尾须，较长；铗尾虫具有1对单节的尾铗。全世界已知的双尾虫和铗尾虫共有800多种，中国已知50多种。

双尾纲昆虫为表变态，是比较原始的变态类型。其若虫和成虫除体躯大小和性成熟度外，在外形上无显著差异，腹部体节数目也相同，可生存2~3年，每年蜕皮多至20次，一般8~11次蜕皮后可达到性成熟，但成虫期一般还要继续蜕皮。

双尾纲的昆虫生活在土壤、洞穴等环境中，活动迅速。当你在石头下面发现它们的时候，它们会迅速钻到土壤缝隙中逃脱。它们取食活的或死的植物、腐殖质、菌类或捕食小动物等。

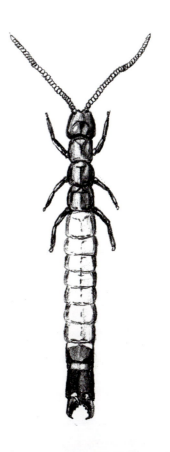

▶ 主要特征

❶ 体细长；

❷ 触角长并呈念珠状；

❸ 无复眼和单眼；

❹ 口器为咀嚼式，内藏于头部腹面的腔内；

❺ 胸部构造原始，3对足的差别不大，跗节1节；

❻ 腹部11节，第一腹节至第七腹节腹面各有1对针突；

❼ 腹末有1对尾须或尾铗，线状分节或钳状，无中尾丝；

❽ 体色多为白色或乳白色，有时也带有黄色。

双尾目 | DIPLURA

康蚖科 Campodeidae

- 常见的双尾虫身体一般长5~10 mm（不含触角和尾须）；
- 通常身体非常柔软；
- 两根尾须通常较长，与长长的触角首尾呼应。

① 溶洞中生活的**双尾虫**，体十分修长，个体也比常见的土栖种类要大一些。

铗蚖科 Japygidae

- 体白色或黄色；
- 前胸小，中、后胸相似；
- 尾须骨化成钳状；
- 见于石下及腐殖质丰富的土中。

② 分布于四川西部的**伟铗蚖** *Atlasjapyx atlas*，是已知最大的铗尾虫之一，成虫体长可达58 mm。

昆虫纲 | **INSECTA**

六足四翼昆虫纲，头胸腹部细端详；个体种类数量大，适者生存本领强。

　　昆虫纲也可以说是狭义的昆虫，是世界上最繁盛的动物类群。目前，人类已知的昆虫约有100万种，约占动物界种数的80％，但仍有许多种类尚待发现。我国已知昆虫超过10万种。

　　昆虫头部不分节，是感觉与取食的中心；胸部分为3节，是运动和支撑的中心；腹部是生殖与代谢的中心。昆虫在生长发育过程中，通常要经过一系列内部及外部形态上的变化，即变态过程。

　　狭义的昆虫区别于其他六足动物的特征主要有：触角柄节以上无肌肉，口器外露，跗节分亚节，足的基节与腹板之间无关节连接，雌虫产卵器由腹部第八节和第九节生殖突形成。

　　昆虫习性各异，分布范围很广，除海洋中分布少量以外，凡有植物生长的地方都有昆虫。昆虫具有强大的飞翔能力，其微小的身躯又易随气流传播，所以从赤道到两极都有它们的踪迹。

　　昆虫在生态环境中扮演着很重要的角色，很多昆虫依靠漂亮的色彩来吸引异性，繁衍后代。有的昆虫则专门积累某类物质，形成与周围环境一致的颜色，将自己隐藏起来，避免被敌害发现，或示威避敌，形成"保护色"或"警戒色"来保护自己。有些种类的昆虫身体表面的色素沉着还可以防止紫外线的入侵，使内部柔软的身体不受侵害。

　　昆虫与人类也有着紧密的联系。虫媒花需要得到昆虫的帮助，才能传播花粉，而蜜蜂酿制的蜂蜜，也是人们喜欢的食品。在东南亚和南美的很多地方，昆虫本身就是当地人的食物。也有一部分昆虫是人类的敌害，如蝗虫、白蚁和蚊虫等。

▶ 主要特征

❶ 成虫体躯分头、胸、腹3部分；

❷ 头部有1对触角；

❸ 头部一般有1对复眼；

❹ 头部有2~3个单眼，有些种类无；

❺ 口器外露；

❻ 胸部3节，由前胸、中胸、后胸3节组成；

❼ 胸部有3对足，由基、转、腿、胫、跗5节组成，跗节又分1~5节，末端有爪；

❽ 中胸和后胸上各生有1对翅，有的昆虫后翅退化为平衡棒，起到平衡作用；

❾ 腹部由11节组成，前1~2节趋于退化，末端几节变为外生殖器，故可见的节数较少。

石蛃目

MICROCORYPHIA

胸背侧拱石蛃目，单眼一对复眼突；
阴湿生境植食性，快爬善跳岩上住。

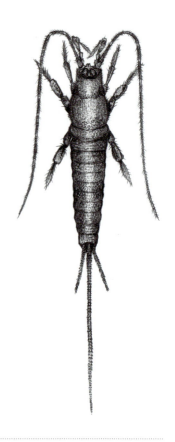

石蛃目是较原始的小型昆虫，因具有原始的上颚而得名，俗称石蛃，原与衣鱼同属于缨尾目Thysanura。在现代的昆虫分类系统中，因两者在系统发育上的特征有着很大的区别，已经分属于两个不同的目，即石蛃目和衣鱼目Zygentoma。到目前为止，石蛃目共有2科65属约500种，其中石蛃科约46属335种。目前已知的中国石蛃种类均属于石蛃科，共有8属27种。

石蛃为表变态。幼虫和成虫在形态和习性方面非常相似，主要区别在于大小和性成熟度。

石蛃适应能力强，全世界广泛分布，与湿度的关系密切，多喜阴暗，少数种类可以在海拔4 000多米的阴暗潮湿的岩石缝隙中生存。一般生活在地表，生境非常多样，可生活在枯枝落叶丛的地表，或树皮的缝隙中，或岩石的缝隙中，或在阴暗潮湿的苔藓地衣表面等。其许多类群为石生性或者为亚石生性，在海边的岩石上也发现有石蛃。石蛃目昆虫食性广泛，以植食性为主，如腐败的枯枝落叶、苔藓、地衣、藻类、菌类等，少数种类取食动物残渣。

▶ 主要特征

❶ 体小型，体长通常在15 mm以下；
❷ 近纺锤形，类似衣鱼但有点呈圆柱形，胸部较粗而向背方拱起；
❸ 体表一般密披不同形状的鳞片，有金属光泽；
❹ 体色多为棕褐色，有的背部有黑白花斑；
❺ 有单眼，复眼大，左右眼在体中线处相接，但有个别愈合不全；
❻ 触角长，丝状；
❼ 口器咀嚼式；
❽ 无翅；
❾ 腹部分11节，第二节至第九节有成对的刺突；
❿ 有3根多节尾须，中尾丝长。

石蛃科 Machilidae

● 体背侧拱起较高;　　● 复眼大而圆;　　● 第三胸足具针突;　　● 腹板发达。

❶ 夜晚在海南岛的雨林中穿行，细心的话，不难在树干、草叶，甚至游览步道的木质栏杆上发现**海南跳蛃** *Pedetontus hainanensis* 的踪迹。

①

衣鱼目

ZYGENTOMA

背部扁平衣鱼目，胸节宽大侧叶突；
复眼退化单眼失，银鱼土鱼暗夜出。

衣鱼目是较原始的小型昆虫，以其腹部末端具有缨状尾须及中尾丝而得名，俗称衣鱼、家衣鱼、银鱼。到目前为止，衣鱼目为5科约370种。中国已知的衣鱼种类属于衣鱼科Lepismatidae和土衣鱼科Nicoletiidae等4个科。

衣鱼目昆虫为表变态。卵单产或聚产，产在缝隙或产卵器掘出的洞中。幼虫变成虫需要至少4个月的时间，有时发育期会长达3年，寿命为2~8年。幼虫与成虫仅有大小差异，生活习性相同。成虫期仍蜕皮，为19~58次。

衣鱼目昆虫喜温暖的环境，多数夜出活动，广泛分布于世界各地，生境大致可以分为3种类型：第一，潮湿阴暗的土壤、朽木、枯枝落叶、树皮树洞、砖石等缝隙；第二，室内的衣服、纸张、书画、谷物以及衣橱等日用品之间；第三，蚂蚁和白蚁的巢穴中。大多数以生境所具有的食物为食，主要喜好碳水化合物类食物，也取食蛋白性食物。室内种类可危害书籍、衣服，食各类淀粉、胶质等。

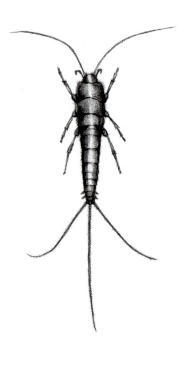

▶ 主要特征

❶ 体小型至中型，体长通常5~20 mm；
❷ 体略呈纺锤形，背腹部扁平且不隆起；
❸ 体表多密被不同形状的鳞片，有金属光泽，通常为褐色，室内种类；
❹ 多呈银灰色或银白色；
❺ 口器咀嚼式；
❻ 触角长丝状；
❼ 若具退化的复眼，则位于额两侧，互不相连；
❽ 无翅；
❾ 腹部11节；
❿ 具1对尾须和中尾丝，长而多节。

①

衣鱼科 Lepismatidae

- 复眼左右远离，无单眼；　- 全身被鳞片；　- 喜干燥环境，常自由生活或室内生活。

① **糖衣鱼** *Lepisma saccharina*，是最常见的衣鱼种类之一。在野外，常见于干燥的枯树皮下。它也是室内衣鱼中的常见种类，取食于书籍、衣物等。

土衣鱼科 Nicoletiidae

- 无单眼和复眼；
- 多数种体表无鳞片；
- 土壤中生活。

② **土衣鱼** *Nicoletia* sp.，身体通常没有鳞片覆盖，体黄色，栖息于较为湿润的土壤中。

②

蜉蝣目

EPHEMEROPTERA

朝生暮死蜉蝣目，触角如毛口若无；
多节尾须三两根，四或二翅背上竖。

蜉蝣目通称蜉蝣，起源于石炭纪，距今至少已有2亿年的历史，是现存最古老的有翅昆虫。蜉蝣主要分布在热带至温带的广大地区，全世界已知2 300多种，我国已知300多种。

蜉蝣成虫交尾产卵后便结束自己的一生，因此蜉蝣被称为只有一天生命的昆虫，但其稚虫通常要在水中度过半年至一年。低中纬度地方的蜉蝣多见于春夏交接之季，正如它们的英文名"mayfly"所表现的含义，5月份是多数种类的盛发期。

蜉蝣为原变态，一生经历卵、稚虫、亚成虫和成虫4个时期。大部分种每年1代或2~3代，在春夏之交常大量发生。雌虫产卵于水中。稚虫常扁平，复眼和单眼发达；触角长，丝状；腹部第一节至第七节有成对的气管鳃，尾丝两三条；水生，主要取食水生高等植物和藻类，少数种类捕食水生节肢动物，稚虫也是鱼及多种动物的食料。具有亚成虫期是蜉蝣目昆虫独有的特征。亚成虫形似成虫，但体表、翅、足具微毛，色暗，翅不透明或半透明，前足和尾须短，不如成虫活跃。蜉蝣变为成虫后还要蜕皮。成虫不取食，寿命极短，只存活数小时，多则几天，故有朝生暮死之说。

蜉蝣稚虫生活于清冷的溪流、江河上中游及湖沼中，因对水质特别敏感，所以常把其稚虫作为监测水体污染的指示生物之一。

▶ 主要特征

❶ 体小型至中型，细长，体壁柔软、薄而有光泽，常为白色和淡黄色；

❷ 复眼发达，单眼3个；

❸ 触角短，刚毛状；

❹ 口器咀嚼式，但上下颚退化，没有咀嚼能力；

❺ 翅膜质，前翅很大，三角形，后翅退化，小于前翅，翅脉原始，多纵脉和横脉，呈网状，休息时竖立在身体背面；

❻ 雄虫前足延长，用于在飞行中抓住雌虫；

❼ 腹部末端两侧着生着1对长的丝状尾须，一些种类还有1根长的中尾丝。

等蜉科 Isonychiidae

- 雄虫前翅纵脉多；
- 前足基节具丝状鳃的残痕，前足一般色深而中后足色淡。

① **日本等蜉** *Isonychia japonica*，腹部末端带有未产下的卵块（周纯国 摄）。

扁蜉科 Heptageniidae

- 雄成虫复眼不分离，但常有两种颜色，左右相接或分开；
- 前足短于体长；
- 2根尾丝。

② **高翔蜉** *Epeorus* sp.，具有非常鲜艳的红色，此为雌性成虫。

四节蜉科 Baetidae

- 复眼分上下两部分，上半部分呈锥状突起，橘红色或红色，下半部分为圆形，黑色；
- 在相邻纵脉间的翅缘部具典型的1根或2根缘闰脉；
- 后翅极小或缺如；
- 2根尾丝。

③ **假二翅蜉** *Pseudocloeon* sp.，完全没有后翅，前翅相邻纵脉间翅缘部的缘闰脉为2条。

细裳蜉科 Leptophlebiidae

- 体长一般在10 mm以下；
- 雄成虫的复眼分为上下两部分，上半部分为棕红色，下半部分为黑色；
- 3根尾丝。

④ **思罗蜉** *Thraulus* sp.，雄性成虫，复眼分成2层，上层红色卵圆形，下层黑色；后翅较小，前缘有一突起。

小蜉科　Ephemerellidae

- 体色一般为红色或褐色；
- 复眼上半部红色，下半部黑色；
- 前翅翅脉较弱，翅缘纵脉间具单根缘闰脉；
- 3根尾丝。

1 **小蜉科**的亚成虫，前翅外缘的缘毛非常长。

蜉蝣科　Ephemeridae

- 体大型；
- 复眼黑色，大而明显；
- 翅面常具棕褐色斑纹；
- 3根尾丝。

2 **蜉蝣属** *Ephemera* 的一种，雌性成虫的复眼较小。

3 **蜉蝣属** *Ephemera* 的亚成虫，翅膀不透明，外缘可明显看到缘毛。

河花蜉科　Potamanthidae

- 体大型；
- 后翅具明显的前缘突；
- 前后翅常具鲜艳的斑纹；
- 3根尾丝。

4 **黄河花蜉** *Potamanthus luteus*，栖息于我国东北三省山区河水缓流环境。图为其雄性亚成虫，翅面淡黄略显朦胧（王江 摄）。

蜻蜓目

ODONATA

飞行捕食蜻蜓目，刚毛触角多刺足；
四翅发达有结痣，粗短尾须细长腹。

蜻蜓目是一类较原始的有翅昆虫，与蜉蝣目同属古翅部，俗称蜻蜓、豆娘。现生类群共包括3个亚目：差翅亚目(Anisoptera，统称蜻蜓)、束翅亚目(Zygoptera，统称豆娘或螅)及间翅亚目(Anisozygoptera，统称昔蜓)。其中间翅亚目世界已知3种，分别发现于日本、印度和我国黑龙江。蜻蜓目世界性分布，尤以热带地区最多。目前，全世界已知29科约6 500种，我国已知18科161属900余种。

蜻蜓目昆虫为半变态，一生经历卵、稚虫和成虫3个时期。许多蜻蜓1年1代，有的种类要经过3~5年才完成1代。雄虫在性成熟时，把精液储存于交配器中，交配时，雄虫用腹部末端的肛附器捉住雌虫头顶或前胸背板，雄前雌后，一起飞行，有时雌虫把腹部弯向下前方，将腹部后方的生殖孔紧贴到雄虫的交合器上，进行受精。卵产于水面或水生植物体内，许多蜻蜓没有产卵器，它们在池塘上方盘旋，或沿小溪往返飞行，在飞行中将卵撒落水中；有的种类贴近水面飞行，用尾点水，将卵产到水里。稚虫水生，栖息于溪流、湖泊、塘堰和稻田等的砂粒、泥水或水草间，取食水中的小动物，如蜉蝣及蚊类的幼虫，大型种类还能捕食蝌蚪和小鱼。老熟稚虫出水面后爬到石头、植物上，常在夜间羽化。成虫飞行迅速敏捷，多在水边或开阔地的上空飞翔，捕食飞行中的小型昆虫。

▶ 主要特征

❶ 体中型至大型，细长，20~150 mm；
❷ 体壁坚硬，体色艳丽；
❸ 头大且转动灵活，复眼极其发达，占头部的大部分，单眼3个；
❹ 触角短、刚毛状，3~7节；
❺ 口器咀嚼式；
❻ 前胸小，较细如颈，中、后胸愈合成强大的翅胸；
❼ 翅狭长，膜质，透明，前、后翅近等长，翅脉网状，多横脉，有翅痣和翅结，休息时平伸或直立，不能折叠于背上，足细长；
❽ 腹部细长，具尾须；
❾ 雄虫腹部第二、三节腹面有发达的次生交配器。

差翅亚目 ANISOPTERA

复眼在头顶互相紧贴或分隔不远； 前后翅形状和脉序不同； 翅基部不呈柄状；
前后翅各有1个三角室； 身体较粗壮； 栖息时4翅向左右摊开。

裂唇蜓科 Chlorogomphidae

- 体大型；
- 体色黑色，具黄色条纹和斑点；
- 复眼在头部不相连；
- 成虫下唇中叶末端纵列；
- 前后翅三角室形状相似；
- 后翅基部呈流线型。

❶ 楔大蜓 *Chloropetalia* sp.，生活在深山的溪流环境中，不易见到（任川 摄）。

大蜓科 Cordulegasteridae

- 体大型，有些种类非常巨大；
- 体黑色，具黄色斑纹；
- 头部背观两眼几乎相接触，但只有很少部分直接接触；
- 翅透明，或具褐色斑纹；
- 前后翅三角室形状相似。

❷ 褐面圆臀大蜓 *Anotogaster nipalensis*。

蜓科　Aeshnidae

- 体大型至甚大型；
- 头部背观两眼互相接触呈1条较长直线；
- 前后翅三角室形状相似。

① **斑伟蜓** *Anax guttatus*，分布于华南地区的一种大型蜻蜓。

春蜓科　Gomphidae

- 体中型至大型；
- 体黑色，具黄色花纹；
- 两眼距离甚远；
- 前后翅三角室形状相似。

② **福氏异春蜓** *Anisogomphus forresti*，分布于西南地区。

①

②

伪蜻科 Corduliidae

- 体中型至大型;
- 多数种类有金属蓝色或绿色;
- 头部背面观两眼互相接触一段较长的距离;
- 前后翅三角室形状不同;
- 足通常较长。

① **闪蓝丽大蜻** *Epophthalmia elegans*，是常见的大型蜻蜓,喜欢在池塘、湖泊等静态水域飞行。

蜻科 Libellulidae

- 体中型;
- 翅痣无支持脉;
- 前后翅三角室所朝方向不同,前翅三角室与翅的横向垂直,后翅三角室与翅的横向方向相同。

② **黄蜻** *Pantala flavescens*，是最常见的蜻蜓种类,广布于全国各地,城市空场经常都可以见到。

束翅亚目 ZYGOPTERA

复眼在头的两侧突出，两眼之间距离大于眼的宽度；　前后翅形状和脉序相似；
部分种类翅基部为柄状；　身体较细长，圆筒形；　栖息时四翅竖立在身体背面。

大溪螅科 Amphipterygidae

● 体大型，粗壮；
● 翅甚窄而长，翅的前缘与后缘平行；
● 翅柄长，几乎到达臀横脉处。

❶ 壮大溪螅 *Philoganga robusta*，是一种较为大型且粗壮的豆娘，栖息于南方山区溪流形成的池沼环境。

色螅科 Calopterygidae

● 体大型；
● 体常具很浓的色彩和绿色的金属光泽；
● 翅宽，有黑色、金黄色或深褐色等；
● 翅脉很密；
● 足长，具长刺；
● 翅痣常不发达或缺。

❷ 透翅绿色螅 *Mnais andersoni*，生活于各地山区溪流背阴环境。雌虫易接近，雄虫机敏善飞。雄虫翅痣为红褐色，雌虫翅痣为白色。图为雌虫。

隼螅科 Chlorocyphidae

● 体小型；
● 唇基隆起甚高，状如"鼻子"；
● 翅比腹部长；
● 雄性的翅大部分为黑色，有几个透明的斑，雌性的翅为浅褐色或半透明。

❸ 黄脊高曲隼螅 *Aristocypha fenestrella*，翅上有多处蓝紫色斑纹，非常漂亮的种类。图为雄虫。

溪螅科 Euphaeidae

- 体中型；
- 体色以黑色为底色，或混杂有橙色，老熟个体被白色；
- 翅不呈柄状，节前横脉众多。

❶ 巨齿尾溪螅 *Bayadera melanopteryx*，为漂亮的种类，栖息于南方山区溪流环境。

螅科 Coenagrionidae

- 体小型，细长；
- 体色非常多样化，有红色、黄色、青色等，无金属光泽，或仅局部有金属光泽；
- 翅有柄，翅痣形状多变化，多数为菱形。

❷ 赤异痣螅 *Ischnura rofostigma*，是一种分布于华南、西南地区的小型豆娘，喜水塘、池沼等静水环境。图为雌虫。

扇螅科 Platycnemididae

- 体小型至中型；
- 体色以黑色为主，杂有红色、黄色、蓝色斑，甚少有金属光泽；
- 翅具2条原始结前横脉；
- 部分种类的雄性中足及后足胫节甚为扩大，呈树叶薄片状；
- 足具浓密且长的刚毛。

❸ 叶足扇螅 *Platycnemis phyllopoda*，中后足胫节白色，膨大成片状。栖息于南方平原地带挺水植物生长茂盛的池塘、湖泊。

扁蟌科 Platystictidae

- 体小型至中型；
- 体形甚为细长，有的种类腹长超过后翅长的2倍。

1 **原扁蟌** *Protosticta* sp.。

原蟌科 Protoneuridae

- 体小型，细长；
- 体色通常为黑色，具蓝色斑纹；
- 翅窄长。

2 **乌微桥原蟌** *Prodasineura autumnalis*，栖息于南方挺水植物生长茂盛的池塘、湖泊。

综蟌科 Chlorolestidae

- 体中型至大型；
- 腹部有绿色金属光泽；
- 静止时翅在身体背面张开。

3 **黄肩华综蟌** *Sinolestes edita*（李元胜 摄）。

丝蟌科 Lestidae

- 体中型，细长；
- 停息时翅通常开展，很少翅折叠在体背。

4 **日本尾丝蟌** *Lestes japonicus*，栖息于华南和西南挺水植物较多的池沼环境。图为雄虫。

山螅科 Megapodagrionidae

- 体中型至大型；
- 腹部粗壮，或细长；
- 无金属光泽；
- 停息时翅开展；
- 翅柄长而细。

① **古山螅** *Priscagrion* sp.。

拟丝螅科 Pseudolestidae

- 原属山螅科，外观与山螅种类近似；
- 后翅有明显的金黄色斑纹，十分美丽；
- 我国已知仅1种，发现于海南岛。

② 令人惊艳的**丽拟丝螅** *Pseudolestes mirabilis*，被称为凤凰蜻蜓（李元胜 摄）。

襀翅目 **PLECOPTERA**

扁软石蝇襀翅目，方形前胸三节跗；
前翅中肘多横脉，尾须丝状或短突。

　　襀翅目因常栖息于山溪的石面上而有石蝇之称，是一类较古老的原始昆虫。全世界已知3 400多种，中国已知400多种。

　　襀翅目昆虫为半变态。小型种类1年1代，大型种类3~4年1代。卵产于水中，稚虫水生。

　　石蝇喜欢山区溪流，不少种类在秋冬季或早春羽化、取食和交配。稚虫有些捕食蜉蝣的稚虫、双翅目(如摇蚊等)的幼虫或其他水生小动物，有些取食水中的植物碎屑、腐败有机物、藻类和苔藓。成虫常栖息于流水附近的树干、岩石上，部分植食性，主要取食蓝绿藻。

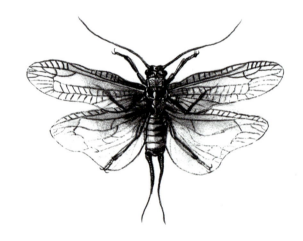

▶ 主要特征

❶ 体中小型，体软；
❷ 体细长而扁平；
❸ 口器咀嚼式；
❹ 复眼发达，单眼3个；
❺ 触角长丝状，多节，至少等于体长的1/2；
❻ 前胸大，方形；
❼ 翅膜质，前翅狭长，后翅臀区发达，翅脉多，变化大，休息时翅平折在虫体背面；
❽ 跗节3节；
❾ 尾须长、丝状、多节。

叉蜻科 Nemouridae

- 体小型，一般不超过15 mm；
- 体色通常为褐色至黑色；
- 头略宽于前胸；
- 单眼3个；
- 前胸背板横长方形；
- 早春时节甚至在雪地上便可发现成虫；
- 植食性，成虫取食植物叶片或花粉。

1 叉蜻 *Nemoura* sp.，是非常常见的小型石蝇，常为黑色。早春时节便可在山区溪流及小河边见到。

卷蜻科 Leuctridae

- 体小型，一般不超过10 mm；
- 体色为浅褐色至黑褐色；
- 头宽于前胸；
- 单眼3个；
- 前胸背板横长方形或近正方形；
- 翅透明或半透明；
- 静止时，翅向腹部卷曲，呈筒状；
- 成虫多在2—6月出现，部分种类在9—10月羽化。

2 诺蜻 *Rhopalopsole* sp.，是一种小型的石蝇，棕黑色。从早春到夏天，在山间溪流旁的灌丛或石头上较为常见。

网蜻科 Perlodidae

- 体小型至大型；
- 体色为绿色、黄绿色或褐色至黑褐色；
- 口器退化；
- 单眼3个，常排列成等边三角形，后单眼距复眼较近；
- 触角长丝状；
- 前胸背板多为横长方形或梯形，中部常有黄色或黄褐色纵带，并延伸到头部；
- 有较强的趋光性。

3 费蜻 *Filchneria* sp.。

蜻科 Perlidae

- 体小型至大型；
- 体色多为浅黄色、褐色、深褐色或黑褐色；
- 口器退化；
- 单眼2~3个；
- 触角长丝状；
- 前胸背板多为梯形或横长方形，中纵缝明显，表面粗糙；
- 尾须发达，丝状，多节；
- 稚虫多生活在低海拔河流中；
- 成虫不取食；
- 有较强趋光性，灯下最为常见。

❶ 常见的**纯蜻属** *Paragnetina* 石蝇。

等翅目

ISOPTERA

害木白蚁等翅目，四翅相同角如珠；
工兵王后专职化，同巢共居千万数。

　　等翅目俗称白蚁，分布于热带和温带。目前，全世界已知3 000多种，我国已知白蚁4科近500种。

　　白蚁营群体生活，是真正的社会性昆虫，生活于隐藏的巢居中。繁殖蚁司生殖功能。工蚁饲喂蚁后、兵蚁和幼期若虫，照顾卵，清洁、建筑、修补巢穴和蛀道，搜寻食物和培育菌圃。兵蚁体型较大，无翅，头部骨化，复眼退化，上颚粗壮，主要对付蚂蚁或其他捕食者。成熟蚁后每天产卵多达数千粒，蚁后一生产卵数超过数百万粒。繁殖蚁个体能活3~20年，并经常交配。土栖性白蚁筑巢穴于土中或地面，蚁塔可高达8 m，巢穴结构复杂，在一些白蚁的巢穴中工蚁培育子囊菌或担子菌的菌圃，采收菌丝供蚁后和若蚁食用。白蚁主要危害房屋建筑、枕木、桥梁、堤坝等建筑物，取食森林、果园和农田的农作物等，造成重大经济损失，是重要害虫。

▶ 主要特征

❶ 成虫体小型至中型。

❷ 体壁柔弱。

❸ 多型。

❹ 工蚁白色，头常为圆形或长形，口器咀嚼式，触角长，念珠状，无翅。

❺ 兵蚁类似工蚁，但头较大，上颚发达。

❻ 繁殖蚁有2种类型，其中最常见的包括发育完全的有翅的雄蚁和雌蚁，头圆，口器咀嚼式，触角长，念珠状，复眼发达；翅2对，透明，前、后翅的大小、形状均相似，分飞后翅脱落，翅基有脱落缝，翅脱落后仅留下翅鳞；具尾须，母蚁腹部后期膨大，专司生殖。

❼ 另一种繁殖蚁多为浅色，无翅或仅有短翅芽，为补充型繁殖蚁。在原始蚁王和蚁后处于衰亡期的社群中，补充型繁殖蚁的个体会很快出现，并变得具有生殖能力。

鼻白蚁科 Rhinotermitidae

- 兵蚁上唇发达，伸向前方，鼻状，因此得名；
- 触角13~23节；
- 有翅成虫一般具单眼；
- 前胸背板极扁平，窄于头部。

① **散白蚁** *Reticulitermes* sp. 的兵蚁和工蚁。

② **散白蚁** *Reticulitermes* sp. 的繁殖蚁。

白蚁科 Termitidae

- 前胸背板窄于头部。
- 尾须1~2节。
- 兵蚁头部变化极大，类型复杂（有的上颚发达，称为上颚兵；也有上颚退化且额部向前延伸为象鼻者，称象鼻兵；也有些种类没有兵蚁的变化）。
- 兵蚁和工蚁的品级常有多态现象，有大小2型，甚至大、中、小3型。
- 兵蚁和工蚁前胸背板前半部翘起，两侧下垂，呈马鞍形。
- 多筑巢于土壤内，蚁巢体系复杂。
- 有些种类可以培植菌圃。

③ **黑翅土白蚁** *Odontotermes formosanus* 的工蚁和兵蚁。

④ **黑翅土白蚁**的有翅繁殖蚁。

蜚蠊目 **BLATTODEA**

畏光喜暗蜚蠊目，盾形前胸头上覆；
体扁椭圆触角长，扁宽基节多刺足。

　　蜚蠊，又名蟑螂。到目前为止，蜚蠊分类系统尚未完全统一，最新的且被广大学者所接受的是蜚蠊类群作为一个亚目，归入网翅目Dictyoptera，分为6个科。全世界已知蜚蠊种类约有4 337种，中国已知250多种。

　　蜚蠊适应性强，分布较广，有水、有食物并且温度适宜的地方都可能生存。大多数种类生活在热带、亚热带地区，少数分布在温带地区。在人类居住环境较为多见，并易随货物、家具或书籍等人为扩散，分布到世界各地。这些种类生活在室内，常在夜晚出来觅食，污染食物、衣物和生活用具，并留下难闻的气味，传播多种致病微生物，是重要的病害传播媒介。但也有些种类（地鳖、美洲大蠊）可以作为药材，用于提取生物活性物质，治疗人类多种疑难杂症。野生种类，喜潮湿，见于土中、石下、垃圾堆、枯枝落叶层、树皮下或木材蛀洞内、各种洞穴，以及社会性昆虫和鸟的巢穴等生境。多数种类白天隐匿，夜晚活动；少数种类色彩斑纹艳丽，白天也出来活动。

▶ 主要特征

❶ 个体大小因种类不同差异非常大，体长2~100 mm，甚至更大。

❷ 体宽，多扁平，体壁光滑、坚韧，常为黄褐色或黑色。

❸ 头小，三角形，常被宽大的盾状前胸背板盖住，部分种类休息时仅露出头的前缘。

❹ 复眼发达，但极少数种类复眼相对退化，复眼占头部面积的比例相对其他种类小。

❺ 单眼退化。

❻ 触角长，丝状，多节。

❼ 口器咀嚼式。

❽ 多数种类具2对翅，盖住腹部，前翅覆翅狭长，后翅膜质，臀区大，翅脉具分支的纵脉和大量横脉。

❾ 极少数种类前翅角质化，似甲虫；或短翅型，雌雄虫前后翅均不达腹部末端；或雌雄完全无翅；或雌雄异型，雄虫具翅，雌虫无翅。

❿ 3对足相似，步行足，爬行迅速，跗节5节。

⓫ 腹部10节，腹面观多数可见8节或9节，尾须多节。

蜚蠊科 Blattidae

- 雌雄基本同型；
- 体中型至大型；
- 通常具光泽和浓厚的色彩；
- 头顶常露出前胸背板；
- 单眼明显；
- 前、后翅均发达，极少退化；
- 翅脉显著，多分支；
- 飞翔力较弱，雄性仅限短距离移动；
- 足较细长，多刺。

❶ **美洲大蠊** *Periplaneta americana*，是一种常见的大型家居蟑螂，广布全世界。

姬蠊科 Blattellidae

- 雌雄同型；
- 体小型，体长极少超过15 mm；
- 头部具较明显的单眼；
- 前胸背板通常不透明；
- 前、后翅发达或缩短，极少完全无翅；
- 前翅革质，翅脉发达；
- 后翅膜质，臀脉域呈折叠的扇形；
- 中、后足股节腹面具或缺刺。

❷ **双纹小蠊** *Blattella bisignata*，是野生小蠊的广布种，世界性分布。常见于树林下杂草及灌木中活动，受惊扰可作短距离飞行。

硕蠊科 Blaberidae

- 体光滑;
- 头部近球形,头顶通常不露出前胸背板;
- 前、后翅一般均较发达,极少完全无翅;
- 中、后足腿节腹缘缺刺,但端刺存在;
- 跗节具跗垫,爪对称;
- 尾须较短,一般不超过腹部末端。

❶ 夜间活动的大型**硕蠊**种类。

❷ **丽冠蠊** *Corydidarum magnifica*,是华南地区的一种非常漂亮的蟑螂,无翅的雌虫在阳光下可以见到极为丰富且变幻的色彩。

地鳖科 Polyphagidae

- 体密被微毛;
- 头部近球形,头顶通常不露出前胸背板;
- 唇部强隆起,与颜面形成明显的界限;
- 前、后翅一般较发达,但有时雌性完全无翅;
- 后翅臀域非扇状折叠;
- 中、后足腿节腹缘缺刺;
- 跗节具跗垫,爪对称。

❸ **西藏地鳖** *Eupolyphaga thibetana*,雄性成虫。

隐尾蠊科 Cryptocercidae

- 雌雄同型;
- 体中型至大型;
- 通常具光泽和浓厚的色彩;
- 头部完全隐藏在前胸背板之下;
- 无单眼;
- 完全无翅;
- 第七背腹板发达,向后延伸盖住尾节,故雌雄难辨;
- 生活于朽木中;
- 稀有类群,目前全世界一共记述12种。

❹ **隐尾蠊** *Cryptocercus* sp.,为亚社会性昆虫,雌雄隐尾蠊一对一构成家庭单位,常在针叶林朽木中取食和栖息,通常与原生生物共生。

螳螂目

MANTODEA

合掌祈祷螳螂目，挥臂挡车猛如虎；
头似三角复眼大，前胸延长捕捉足。

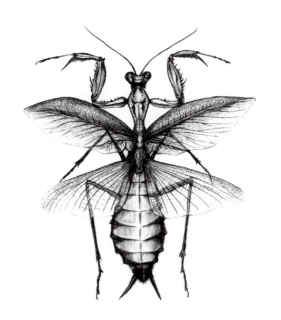

　　螳螂目俗称螳螂，除极寒地带外，广布世界各地，尤以热带地区种类最为丰富。目前，全世界已知2 000多种。中国已知8个科近150种。

　　若虫、成虫均为捕食性，猎捕各类昆虫和小动物，在田间和林区能消灭不少害虫，是重要的天敌昆虫，在昆虫界享有"温柔杀手"的美誉。若虫和成虫均具自残行为，尤其在交配过程中有"妻食夫"的现象。卵鞘可入中药，是重要的药用昆虫。

　　螳螂有保护色，有的并有拟态，与其所处环境相似，借以捕食。

▶ **主要特征**

❶ 体中型至大型，细长，多为绿色，少为褐色或具花斑；

❷ 头大，呈三角形，且活动自如；

❸ 复眼突出，单眼3个，排成三角形；

❹ 触角长，丝状；

❺ 口器咀嚼式，上颚强劲；

❻ 前胸特别延长；

❼ 前足捕捉式，基节很长，胫节可折嵌于腿节的槽内，呈镰刀状，腿节和胫节生有倒钩的小刺，用以捕捉各种昆虫；

❽ 中、后足适于步行；

❾ 跗节5节，有爪1对，缺中垫；

❿ 前翅皮质，为覆翅；

⓫ 后翅膜质，臀区发达，扇状，休息时叠于背上；

⓬ 腹部肥大；

⓭ 尾须1对，短。

花螳科　Hymenopodidae

- 头顶光滑或具锥状突起；
- 前足腿节具3~4枚中刺，4枚外列刺；
- 中、后足腿节较为光滑或具叶状扩展。

❶ 原螳 *Anaxarcha* sp. 为小型绿色种类。

❷ 明端眼斑螳 *Creobroter apicalis*，前翅具有非常明显的眼状斑，极易分辨。

细足螳科　Thespidae

- 体小型至中型；
- 触角丝状；
- 前胸背板较细长，两侧扩展不明显；
- 雄性具翅，雌性翅不发达或缺如；
- 前足基节近端部具有较明显的叶状突起；
- 前足腿节具4枚外列刺和2~4枚中刺。

❸ 格华小翅螳 *Sinomiopteryx grahami*，雄性成虫具翅，雌性无翅。

攀螳科　Liturgusidae

- 通常体扁；
- 头部扁宽；
- 复眼卵圆形隆起，宽于前胸背板侧缘；
- 前胸背板短宽，或横沟处明显扩展；
- 至少雌性为短翅型。

❹ 千禧广缘螳 *Theopompa milligratulata*，体扁平，通常伏在树干上，雄虫有较强的趋光性。

虹翅螳科　Iridopterygidae

- 体小型；
- 前足腿节具1~3枚中刺，如具4枚，则第一枚很不明显；
- 后翅透明，常具彩虹色泽。

❺ 宽翅黎明螳 *Tropidomantis guttatipennis*，静止时，翅并不完全重叠覆盖，显得较为宽大，犹如穿着婚纱的新娘，令人过目不忘。

虹翅螳科 Iridopterygidae

❶ **越南纤柔螳** *Leptomantella tokinae*，全身雪白，只有在前胸背板有2列细小的黑色斑点。

螳科 Mantidae

- 不同种类间体态变化较大；
- 头顶通常无粗大的锥状突起；
- 如头顶锥状突起较大，则两复眼旁各有1个小的突起；
- 前胸背板侧缘通常具不明显扩展；
- 前胸背板如有明显扩展，则前足腿节第一刺和第二刺之间具凹窝；
- 雌雄两性不同时为短翅类型。

❷ **中华大刀螳** *Tenodera sinensis*，是最为常见的大型螳螂之一。

❸ **菱背螳**的前胸背板呈片状向两侧延伸，接近菱形。图为**宽菱背螳** *Rhombodera latipronotum*。

蛩蠊目 GRYLLOBLATTODEA

体扁无翅蛩蠊目，雄跗有片腹末刺；
上颚发达前胸大，个体稀少活化石。

蛩蠊目昆虫俗称蛩蠊，以其既像蟋蟀（蛩）又似蜚蠊而得名，是昆虫纲的一个小目，仅28种现生种，其中我国已知2种，分布于吉林长白山和新疆阿尔泰山。

蛩蠊目昆虫仅产于寒冷地区，跨北纬33°～60°，个体稀少，极为罕见。其分布区狭窄，目前仅知限于北美洲落基山以西、日本、朝鲜、韩国、俄罗斯远东地区及萨彦岭、我国长白山和阿尔泰山地区海拔1 200 m以上的高山上，尤其在近湖沼、融雪或水流湿处，亦分布于低海拔地区的冰洞中。夜出活动，以植物及小动物的尸体等为食，白天隐藏于石下、朽木下、苔藓下、枯枝落叶中或泥土中。适宜温度在0 ℃左右，超过16 ℃死亡率显著增加。蛩蠊雌虫产单枚卵于土壤中、石块下或苔藓中，卵黑色。

蛩蠊目起源古老，特征原始，是昆虫纲子遗类群之一，又被称为昆虫纲的"活化石"。

蛩蠊科 Grylloblattidae

① 产自日本的一种**蛩蠊** *Galloisiana* sp.。

▶ **主要特征** ·········

① 体扁长形，长13～30 mm；
② 体暗灰色；
③ 前口式，口器咀嚼式；
④ 触角呈丝状，28～40节；
⑤ 复眼圆形，无单眼；
⑥ 胸部发达；
⑦ 无翅；
⑧ 跗节5节，末端具2爪；
⑨ 腹部10节；
⑩ 第十腹节具1对长尾须，8～9节；
⑪ 雌虫产卵器似螽斯的产卵器。

MANTOPHASMATODEA

角斗士虫螳䗛目，前中皆为捕捉足；
胸板侧露全无翅，干燥台地灌丛住。

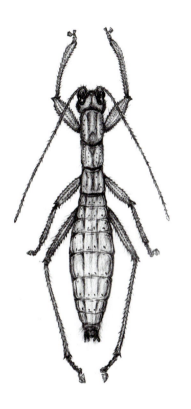

　　螳䗛目是一种外形既像螳螂，又像竹节虫的古老昆虫，21世纪初在纳米比亚被发现，2001年建立新目。截至目前，已发现4科11属18个现生种类，其中有3个发现于波罗的海琥珀中的始新世化石种类以及1个发现于我国内蒙古的侏罗纪化石种类。最新的研究成果表明，螳䗛目和蛩蠊目属于亲缘关系非常接近的姐妹群，并非最初认为的介于螳螂和竹节虫之间。

　　最先发现螳䗛目的人是丹麦哥本哈根大学研究生索普（O.Zompro），他在研究竹节虫的过程中，发现波罗的海琥珀中一种怪虫，其前足呈镰刀状，很像螳螂，但它的前胸小，有能捕食昆虫的镰刀状中足，又不像螳螂。它体型细长，翅膀和中、后足退化，则像竹节虫；卵产在卵囊中，又不像竹节虫。索普与其他昆虫学家组成的考察队，在纳米比亚布兰德山采到了这种神奇的"角斗士"，并将其命名为螳䗛目。

　　螳䗛目个体较小，有的仅20~30 mm。大多生活在山区草地石块下，捕食小型昆虫，有时也会自相残杀。

▶ 主要特征

❶ 体中小型，略具雌雄二型现象；
❷ 头下口式，口器咀嚼式；
❸ 触角丝状，多节；
❹ 复眼大小不一，无单眼；
❺ 无翅；
❻ 胸部每个背板都稍盖过其后背板，前胸侧板大，充分暴露；
❼ 前足和中足均为捕捉足；
❽ 跗节5节，基部4节具跗垫，基部3节合并；
❾ 尾须短，1节。

螳䗛科 Mantophasmatidae

❶ 分布于非洲纳米比亚瑙克鲁夫特山的**瑙山条螳䗛** *Striatophasma naukluftense*，身体上条状的斑纹是其最为突出的特征（*Reinhand Predel* 摄）。

①

竹节虫目 **PHASMIDA**

奇形怪虫为螳目,体细足长如修竹;
更有宽扁似树叶,如枝似叶害林木。

　　竹节虫目(又称螳目)昆虫俗称竹节虫及叶螳,简称"螳",因身体修长而得名。它主要分布在热带和亚热带地区,全世界有3 000多种,中国已知300余种。

　　竹节虫目昆虫为渐变态。以卵或成虫越冬。雌虫常孤雌生殖,雄虫较少,未受精卵多发育为雌虫,卵散产在地上。若虫形似成虫,发育缓慢,完成一个世代常需要1~1.5年,蜕皮3~6次。当受伤害时,若虫的足可以自行脱落,而且可以再生。成虫多不能或不善飞翔,生活于草丛或林木上,以叶片为食。几乎所有的种类均具极佳的拟态,大部分种类身体细长,模拟植物枝条;少数种类身体宽扁,鲜绿色,模拟植物叶片,有的形似竹节,当6足紧靠身体时,更像竹节。竹节虫一般白天不活动,体色和体型都有保护作用,夜间寻食叶片,多生活在高山、密林和生境复杂的环境中。

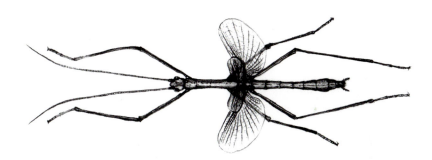

▶ 主要特征

❶ 体中型至大型;

❷ 体躯延长呈棒状或阔叶状;

❸ 头小,前口式;

❹ 口器咀嚼式;

❺ 复眼小;

❻ 前胸小,中胸和后胸伸长,后胸与腹部第1节常愈合;

❼ 有翅或无翅,有翅种类翅多为2对,前翅革质,多狭长,横脉众多,脉序成细密的网状,后翅膜质,有大的臀区;

❽ 足跗节3~5节;

❾ 腹部长,环节相似;

❿ 尾须短不分节。

笛竹节虫科 Diapheromeridae

- 体小型至中型； ● 体一般较为细长；
- 触角丝状，长于前足，分节不明显；
- 有些种类触角很短并分节明显，则各足腿节腹侧面光滑；
- 有翅或无翅； ● 足通常无刺。

❶ 嘎达蕾竹节虫 *Asceles gadarama* 的雌虫。

竹节虫科 Phasmatidae

- 体小型至非常大型；
- 体通常细长；
- 触角分节明显；
- 触角短于或长于前足腿节，但不与体长相等；
- 有翅或无翅。

❷ 短棒竹节虫 *Ramulus* sp. 的标准休息姿势，喜欢挂在树枝或叶片下方，并不停晃动身体，模仿有风的自然状态。

拟竹节虫科 Pseudophasmatidae

- 雌雄触角都较长； ● 中胸背板长大于宽；
- 腹部不扩展呈叶片状。

❸ 钩尾南华竹节虫 *Nanhuaphasma hamicercum*，雌雄形态差异不大，但体型差异较大。图中为雌雄交配状。

异翅竹节虫科 Heteropterygidae

- 触角明显长于前足腿节； ● 有翅或无翅；
- 如有翅芽，则中后足胫节端部每侧有1个小刺；
- 如全无翅芽，则中后足胫节端部无刺，但前胸背板有2个粗瘤。

❹ 瘤竹节虫 *Pylaemenes* sp.，是很容易分辨的竹节虫种类，体形短粗，腹部中部较宽；全身具瘤状颗粒，但无刺。

叶䗛科 Phylliidae

- 具有惊人的拟态和保护色，外形十分接近树叶的形态；
- 体多为绿色，少数为黄色；
- 雌雄异型；
- 雌虫复翅宽叶状，较长，盖住腹部的大部及后翅；
- 雄虫复翅较小，后翅宽大，露于体外；
- 身体极具扩展，且扁平；
- 腿节与胫节扩展呈片状；
- 雌虫触角很短，而雄虫则较长，丝状；
- 多生活在热带地区。

❶ **叶䗛**是著名的拟态昆虫，雌雄异型，雌虫较为宽大，更像是一片树叶。图为**藏叶䗛** *Phyllium tibetense* 雌虫。

❷ **中华丽叶䗛** *Phyllium sinense*，是非常美丽的种类，图为雄虫。

纺足目

EMBIOPTERA

足丝蚁乃纺足目，前足纺丝在基跗；
胸长尾短节分二，雄具四翅雌却无。

　　纺足目是一个小目，全世界已经记录了约300种。该目多数种类分布在热带地区，少数种类出现在温带，在我国大部分地区并不常见。

　　足丝蚁最显著的特征是前足基跗节具丝腺，可以分泌丝造丝道。纺足目是渐变态昆虫，若虫5龄，从1龄若虫起直到成虫都能织丝。除繁殖的雄虫之外，足丝蚁终生生活在自己制造的丝道中，多数种类在树皮表面织造外露的丝道，也有些种类在物体的缝隙和树皮的枯表皮下隐藏，只有少数的丝状物外露。它们在泌丝织造通道时，能扭转身子织成一个能容纳自己在其中取食和活动的管形通道，这个通道可以让足丝蚁迅速逃避捕食天敌。在通道中，足丝蚁活动灵活，高度发达的后足腿节能使身体迅速倒退。足丝蚁全部都为植食性，取食树的枯外皮、枯落叶、活的苔藓和地衣。在我国，纺足目昆虫主要生活在树皮、枯落叶上，以及岩壁的苔藓地衣上。

　　目前，纺足目分为2个亚目8个科，其中古丝蚁科为二叠纪的化石科。我国对该目昆虫的研究较为薄弱，目前仅记载有等尾丝蚁科的2属6种，但据推断我国南方还可能有奇丝蚁科和异尾丝蚁科的种类。该目昆虫在热带地区最为丰富，随着纬度的增高而逐渐减少，少数种类可以分布到南北纬45°附近。

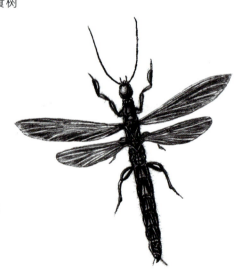

▶ 主要特征

❶ 奇特的中小型昆虫，体长通常在3~25 mm；　❷ 体细长；

❸ 体壁柔软；　❹ 体多为烟黑色或栗色；

❺ 头部近圆形，前口式；　❻ 复眼肾形，无单眼；　❼ 触角丝状12~32节；

❽ 雌虫无翅，大部分种类雄虫有翅，翅柔软，狭长，前后翅形状相似；

❾ 前足基跗节膨大，具丝腺；　❿ 足较短，跗节3节，后足腿节强壮；

⓫ 腹部狭长，分10节；　⓬ 尾须2节；

⓭ 雄性外生殖器复杂，一般不对称，是重要的分类特征。

等尾丝蚁科 Oligotomidae

- 雄虫上颚有齿；
- 雄虫有翅或少数种类无翅，翅脉发育较弱。

① 产自云南的**婆罗洲丝蚁** *Aposthonia borneensis* 雌虫。

② **裸尾丝蚁** *Aposthonia* sp. 的雄性成虫，有翅，产自婆罗洲。

直翅目

ORTHOPTERA

后足善跳直翅目，前胸发达前翅覆；
雄鸣雌具产卵器，蝗虫螽斯蟋蟀谱。

直翅目因该类昆虫前、后翅的纵脉直而得名，包括蝗虫、螽斯、蟋蟀、蝼蛄、蚱蜢等。种类世界性分布，其中热带地区种类较多。目前，全世界已知18 000余种，中国已知800余种。

直翅目昆虫为渐变态，卵生。雌虫产卵于土内或土表，有的产在植物组织内。多数种类1年1代，有些种类1年2～3代，以卵越冬，次年4—5月孵化。若虫的形态和生活方式与成虫相似，若虫一般4～6龄，第二龄后出现翅芽，后翅反在前翅之上，这可与短翅型成虫相区别。大多数蝗虫生活在地面，螽斯生活在植物上，蝼蛄生活在土壤中。多数白天活动，尤其是蝗总科，日出以后即活动于杂草之间。生活于地下的种类（如蝼蛄）在夜间到地面上活动。

直翅目昆虫多数为植食性，取食植物叶片等部分，许多种类是农牧业重要害虫。有些蝗虫能够成群迁飞，加大了危害的严重性，造成蝗灾。蝼蛄是重要的土壤害虫，部分螽斯为肉食性，取食其他昆虫和小动物。

▶ 主要特征

❶ 体中型至大型，较壮实，体长10～110 mm，仅少数种类小型。

❷ 口器为典型的咀嚼式，多数种类为下口式，少数穴居种类为前口式，上颚发达。

❸ 触角多为丝状，有的长于身体，有的较短，少数为剑状或棒状。

❹ 复眼发达，大而突出，单眼2～3个或缺。

❺ 前胸背板很发达，常向侧下方延伸盖住侧区，呈马鞍形，中、后胸愈合。

❻ 翅常2对，前翅狭长、革质，停息时覆盖在体背，称为覆翅；后翅膜质，臀区宽大，停息时呈折扇状纵褶于前翅下。

❼ 前、中足多为步行足，后足为跳跃足，少数种类前足特化成开掘足(如蝼蛄)。

❽ 腹部背板10节，第十一节与尾节愈合，形成肛上板。

❾ 产卵器通常很发达，仅蝼蛄无特化产卵器。

❿ 多数种类雄虫常具发音器，以左、右翅相互摩擦发音（如螽斯、蟋蟀、蝼蛄等），或以后足腿节内侧的音齿与前翅相互摩擦发音（如蝗虫）。

蟋蟀科 Gryllidae

- 体大小不等, 大的可达40 mm;
- 头大而圆;
- 雄虫前翅具镜膜或退化成鳞片状;
- 产卵瓣一般较长, 矛状。

❶ 蟋蟀科的种类多生活在土中或者石块下。

铁蟋科 Sclerogryllidae

- 体中型;
- 头较小;
- 颜面较宽;
- 前胸背板较长, 具刻点, 缺侧隆线;
- 雄虫前翅具镜膜, 雌虫前翅革质, 横脉较多;
- 前足胫节具膜质的听器;
- 产卵瓣矛状, 具端瓣。

❷ 刻点铁蟋 *Sclerogryllus puctatus*, 又名磬蛉、松蛉、铁弹子, 全身乌黑发亮, 是著名的鸣虫之一。图中为雌虫。

树蟋科 Oecanthidae

- 体细长;
- 口器为前口式;
- 前胸背板较长;
- 雄虫前翅镜膜很大, 有斜脉2~5条;
- 足细长;
- 产卵瓣较长, 矛状。

❸ 树蟋 *Oecanthus* sp., 是著名的鸣虫, 通常生活在灌木上。

蛣蟋科 Eneopteridae

- 体中型；
- 前足胫节具听器；
- 后足腿节较细。

❶ 伪玛蟋 *Pseudomadasumma* sp., 雄虫, 可以明显看出前翅上的镜膜。

蛛蟋科 Phalangopsidae

- 体中型；
- 头较小；
- 口器为下口式；
- 具翅；
- 雄虫镜膜内至少有2条分脉；
- 足较长, 产卵瓣矛状。

❷ 钟蟋属 *Meloimorpha* 的种类, 前翅较宽。

蛉蟋科 Trigonidiidae

- 体小型, 体长一般不超过10 mm；
- 头圆形；
- 额突宽于触角第1节；
- 复眼突出；
- 触角细长；
- 足较长；
- 产卵瓣侧扁, 弯刀状, 端部尖锐。

❸ 南方广布的亮黑拟蛉蟋（雌） *Paratrigonidium nitidum*, 为小型树栖种类, 雄虫无发音器。

癞蟋科 Mogoplistidae

- 体小型；
- 体或多或少覆盖有鳞片；
- 复眼发达；
- 唇基强烈突出；
- 前胸背板较长，并向后扩宽；
- 雄虫有时具短翅，雌虫通常缺翅；
- 产卵瓣矛状。

1 **褐翅奥蟋** *Ornebius infuscatus*，为小型树栖蟋蟀，黄褐色，翅短。

蚁蟋科 Myrmecophilidae

- 体非常小，卵圆形；
- 头小；
- 复眼退化；
- 触角较短；
- 缺翅；
- 后足腿节明显粗壮；
- 尾须较长，分节；
- 雌性产卵瓣端部分叉；
- 通常生活在蚁巢中，与蚂蚁共生。

2 **蚁蟋** *Myrmecophilus* sp.，是生活在石块下的微型蟋蟀，体长通常不到2 mm（刘晔 摄）。

蝼蛄科 Gryllotalpidae

- 个体大，体长10 mm以上；
- 触角比体短；
- 前足开掘式；
- 后足腿节不发达，不能跳跃；
- 前翅小，后翅长，伸出腹末呈尾状；
- 尾须长；
- 生活于地下；
- 多食性，取食根、种子、芽等。

3 **蝼蛄** *Gryllotalpa* sp.，俗称土狗、拉拉蛄，土栖性，取食植物的根部，夜间活动。

蟋螽科　Gryllacrididae

- 头较大；
- 触角通常极长；
- 前胸背板前部不扩宽；
- 前足基节具刺；
- 前足胫节缺听器；
- 雄虫前翅缺发音器；
- 尾须不分节；
- 雌虫产卵瓣发达。

❶ 蟋螽 通常为较为凶猛的肉食性螽斯，很多种类有较强的趋光性。

蝗螽科　Mimenermidae

- 头通常较大；
- 雄虫口器常延长；
- 前胸背板前部扩宽；
- 前足基节具刺；
- 前足胫节背面具刺；
- 前足胫节基部具听器；
- 无翅或具翅；
- 雄虫前翅缺发音器；
- 尾须不分节；
- 雌虫产卵瓣发达。

❷ 麋螽 *Pteranabropsis* sp.，虽然不会鸣叫，但却十分凶猛，以其他小型昆虫为食（周纯国　摄）。

驼螽科　Rhaphidophoridae

- 体侧扁；
- 完全无翅；
- 足极长；
- 前足胫节缺听器；
- 尾须细长而柔软，极少分节。

❸ 驼螽，俗称灶马，这种洞穴中生活的种类，触角和足都十分细长，体色较淡并有长毛。

螽斯科 *Tettigoniidae*

- 体小型至大型;
- 体较粗壮;
- 头通常为下口式;
- 触角较为细长, 着生于复眼之间;
- 前翅和后翅发达或退化, 雄虫前翅具有发生器;
- 产卵瓣剑形。

❶ **优雅蝈螽** *Gampsocleis gratiosa*, 即人们常说的蝈蝈, 是著名的观赏昆虫之一。

草螽科 *Conocephalidae*

- 体小型至大型;
- 头多为后口式;
- 触角长于体长, 着生于复眼之间, 触角窝周缘非常隆起;
- 胸听器通常较大, 被前胸背板侧片覆盖;
- 前翅和后翅发达或退化, 雄虫前翅具有发音器;
- 产卵瓣剑形。

❷ **草螽** 多为绿色, 与生活环境融为一体。

①

②

硕螽科 Bradyporidae

- 体硕大；
- 头通常为下口式；
- 触角通常不及体长，着生于复眼下缘水平之下；
- 前翅和后翅退化，有时雌雄两性前翅均具发音器；
- 产卵瓣剑状。

❶ 华北地区生活的**硕螽** *Deracantha* sp.，体极为硕大，喜欢较为干旱的环境（倪一农 摄）。

蚱科 Tetrigidae

- 前胸背板发达，菱形，向后延伸超过胸，甚至盖住整个腹部；
- 触角丝状，短于体；
- 跗节2-2-3；
- 生活在较为潮湿的环境。

❷ 前胸背板向后延长，明显超过腹部末端的种类，属**刺翼蚱亚科** Scelimeninae，多发现于南方。

癞蝗科 Pamphagidae

- 体中型至大型；
- 体表具粗糙颗粒状突起；
- 头较短；
- 触角丝状；
- 前胸背板中隆线呈片状隆起或被横沟切割成齿状；
- 前后翅均发达、缩短或缺少；
- 后足腿节外侧具短棒状或颗粒状突起；
- 多生活在干旱或沙漠区，少数生活在灌木丛中。

❸ **笨蝗**的翅较为退化，体色接近地面，具有较好的保护作用（吴超 摄）。

螽斯科 Tettigoniidae

- 体小型至大型；
- 体较粗壮；
- 头通常为下口式；
- 触角较为细长，着生于复眼之间；
- 前翅和后翅发达或退化，雄虫前翅具有发生器；
- 产卵瓣剑形。

① **优雅蝈螽** *Gampsocleis gratiosa*，即人们常说的蝈蝈，是著名的观赏昆虫之一。

草螽科 Conocephalidae

- 体小型至大型；
- 头多为后口式；
- 触角长于体长，着生于复眼之间，触角窝周缘非常隆起；
- 胸听器通常较大，被前胸背板侧片覆盖；
- 前翅和后翅发达或退化，雄虫前翅具有发音器；
- 产卵瓣剑形。

② **草螽**多为绿色，与生活环境融为一体。

迟螽科 Lipoactidae

- 体小型;
- 头通常介于下口式和后口式之间, 横宽, 头顶明显低于后头;
- 触角长于体长, 着生于复眼之间, 触角窝周缘常隆起;
- 胸听器通常较小, 被前胸背板侧片覆盖;
- 前翅和后翅通常退化, 较少种类为长翅型;
- 雄虫如有前翅, 则具发音器;
- 产卵瓣狭长, 剑形。

❶ **迟螽** *Lipotactes* sp., 虽然无翅, 但十分活跃, 行动敏捷。

蛩螽科 Meconematidae

- 体小型;
- 头通常介于下口式和后口式之间;
- 触角长于体长, 着生于复眼之间, 触角窝周缘并非强烈隆起;
- 胸听器较小, 常常不能被前胸背板侧片覆盖;
- 前胸腹板无刺;
- 前翅和后翅发达或退化;
- 雄虫如有前翅, 则具发音器;
- 产卵瓣剑形。

❷ 杂色型的**蛩螽**。

织娘科 Mecopodidae

- 体中型至大型; • 头通常为下口式;
- 触角长于体长, 着生于复眼之间, 触角窝周缘并非强烈隆起;
- 胸听器通常较大, 被前胸背板侧片覆盖;
- 前胸腹板具刺;
- 前翅和后翅发达或退化;
- 雄虫如有前翅, 则具发音器;
- 产卵瓣较长, 剑状。

❸ **纺织娘** *Mecopoda elongata*, 分布在南方省份, 为著名的赏玩鸣虫。在这只雄虫腹部末端, 可明显看到已经排出的精包。

拟叶螽科 Pseudophyllidae

- 体中型至大型，较强壮； ● 头通常介于下口式和后口式之间；
- 触角长于体长，着生于复眼之间，触角窝周缘极度隆起；
- 胸听器通常较小，不能被前胸背板侧片覆盖；
- 前翅或后翅有时退化，若发达，则前翅形状似树叶、树皮或地衣；
- 雄虫前翅具有发音器； ● 产卵瓣长而宽，马刀形。

❶ 巨拟叶螽 *Pseudophyllus titan*，是我国最大的螽斯，体长12 cm以上。通常栖息于较高的树上，雄虫夜间在树顶发出异常响亮的鸣声，很远都能清楚地听到。

露螽科 Phaneropteridae

- 体中型至大型；
- 头通常为下口式；
- 触角长于身体，着生于复眼之间；
- 胸听器通常较大，被前胸背板侧片覆盖；
- 前胸腹板具刺；
- 前翅或后翅极少退化，若发达，则前翅形状似树叶；
- 雄虫前翅具有发音器；
- 产卵瓣短而宽，侧扁，弯镰形，边缘通常具细齿。

❷ 似褶缘螽 *Paraxantia* sp.，是较为大型的露螽科种类。

硕螽科 Bradyporidae

- 体硕大；
- 头通常为下口式；
- 触角通常不及体长，着生于复眼下缘水平之下；
- 前翅和后翅退化，有时雌雄两性前翅均具发音器；
- 产卵瓣剑状。

❶ 华北地区生活的**硕螽** Deracantha sp.，体极为硕大，喜欢较为干旱的环境（*倪一农 摄*）。

蚱科 Tetrigidae

- 前胸背板发达，菱形，向后延伸超过胸，甚至盖住整个腹部；
- 触角丝状，短于体；
- 跗节2-2-3；
- 生活在较为潮湿的环境。

❷ 前胸背板向后延长，明显超过腹部末端的种类，属**刺翼蚱亚科** Scelimeninae，多发现于南方。

癞蝗科 Pamphagidae

- 体中型至大型；
- 体表具粗糙颗粒状突起；
- 头较短；
- 触角丝状；
- 前胸背板中隆线呈片状隆起或被横沟切割成齿状；
- 前后翅均发达、缩短或缺少；
- 后足腿节外侧具短棒状或颗粒状突起；
- 多生活在干旱或沙漠区，少数生活在灌木丛中。

❸ **笨蝗**的翅较为退化，体色接近地面，具有较好的保护作用（*吴超 摄*）。

瘤锥蝗科 Chrotogonidae

- 体小型至大型;
- 多纺锤形,体表具颗粒状突起或短锥刺;
- 头短,多为锥形,少数近卵形;
- 颜面隆起具纵沟;
- 触角丝状;
- 前胸背板背面平坦或瘤状突起;
- 前胸腹板突为瘤状或呈领状。

① **橄蝗** *Tagasta* sp.,头部尖锥形,颜面向后倾斜。

剑角蝗科 Acrididae

- 体多种多样,短粗或细长都有,大多数侧扁;
- 头短锥形或长锥形,颜面向后倾斜;
- 头部前端背面中央缺细纵沟;
- 触角剑状,其基部各节宽大于长,自基部向端部逐渐狭窄,呈剑状;
- 前胸背板平坦,中隆线较弱;
- 前后翅发达,或缩短,或鳞片状,侧置。

② **中华剑角蝗** *Acrida cinerea*,是我国东部地区广布的大型尖头蝗虫,体色多样,通常为绿色、黄褐色或带有斑纹(吴超 摄)。

③ **佛蝗** *Phlaeoba* sp.,为小型蝗虫,触角长,末端白色。常见于林地环境中。

斑翅蝗科 Oedipodidae

- 头短；
- 头前端背面缺纵细沟；
- 颜面垂直或倾斜；
- 触角丝状；
- 前胸背板平坦，有时中隆线隆起；
- 前后翅均发达，且常具暗色斑纹，尤其是后翅。

❶ 喜欢在地面生活的**斑翅蝗**，头部及胸部背面呈紫红色。

槌角蝗科 Gomphoceridae

- 体小型；
- 头部前端背面缺细纵沟；
- 颜面垂直或向后倾斜；
- 触角端部数节明显膨大，形成棒槌状，但有时雌性膨大不明显；
- 前胸背板平坦，一般具中隆线和侧隆线；
- 前后翅均发达、缩短或缺如。

❷ **大足蝗** *Aeropus* sp.。

斑腿蝗科 Catantopidae

- 体多样；
- 头短；
- 头部前端背面缺细纵沟；
- 颜面垂直或向后倾斜；
- 触角丝状；
- 前胸背板一般较平；
- 前胸腹板具突起，锥形、圆柱形或横片状；
- 前后翅均发达、短翅或退化。

❸ **稻蝗** *Oxya* sp.，种类很多，我国很多地区都有分布。

蜢科 Eumastacidae

- 体侧扁,圆筒形或长柱形;
- 头锥形;
- 头部颜面倾斜或垂直,掩面隆起具纵沟;
- 触角丝状、棒状或剑状,一般较短,略短于或略长于头部(少数较长);
- 触角近端部具有1个小突起,被称为触角端器;
- 前后翅均发达,或退化,或缺如。

1 交配中的**鸟蜢** *Erianthus* sp.,俗称马头蝗,雌雄颜色差异较大。

蚤蝼科 Tridactylidae

- 体小型,体长10 mm以下;
- 触角念珠状,短于身体;
- 前足适于掘土,后足跳跃式;
- 多生活于近水地面,善跳跃,能在水中游泳。

2 **蚤蝼** *Xya* sp.,为体甚小的直翅类昆虫,通体黑褐色具少量白色条纹,具强烈反光,后足十分粗壮。通常栖息于阴暗潮湿处,善跳跃,行动敏捷。

革翅目 DERMAPTERA

前翅短截革翅目，后翅如扇脉如骨；
尾须坚硬呈铗状，蠼螋护卵若鸡孵。

革翅目以其前翅革质而得名，俗称蠼螋，多分布于热带、亚热带地区。全世界已知约1 800种，中国已知210余种。

革翅目昆虫为渐变态。在温带地区1年1代，常以成虫或卵越冬。雌虫产卵可达90粒，卵椭圆形，白色。雌虫有护卵育幼的习性，在石下或土下做穴产卵，然后伏于卵上或守护其旁，低龄若虫与母体共同生活。若虫与成虫相似，但触角节数较少，只有翅芽，尾钳较简单，若虫4～5龄；有翅成虫多数飞翔能力较弱，多为夜行性，日间栖于黑暗潮湿处，少数种类具趋光性。

革翅目昆虫多为杂食性，取食动物尸体或腐烂植物，有的种类取食花被、嫩叶、果实。某些种类寄生于其他动物身上，如鼠蝨科的种类为啮齿类的外寄生生物，有些种类能捕食叶蝉、吹绵蚧以及潜叶性铁甲、夜蛾等的幼虫。

▶ 主要特征 ┈┈┈┈┈┈┈

1. 体中小型，体狭长而扁平，表皮坚韧；
2. 头前口式，扁阔，能活动；
3. 口器咀嚼式，上颚发达，较宽；
4. 复眼圆形，少数种类复眼退化，无单眼；
5. 触角丝状，10～30节，多者可达50节；
6. 前胸背板发达，方形或长方形；
7. 有翅或无翅，有翅的种类前翅短小、革质，后翅大、膜质，扇形或半圆形，脉纹呈辐射状，休息时折叠在前翅下；
8. 跗节3节；
9. 腹部长，有8～10个外露体节，可以自由弯曲；
10. 尾须不分节，钳状；
11. 雌雄二型现象显著，雄虫尾钳大且形状复杂。

丝尾蠊科 Diplatyidae

- 头较宽扁；
- 复眼较大，突出；
- 触角少于25节，通常第四节至第六节长大于宽，圆柱形；
- 腿节或多或少侧扁；
- 跗节第2节短小；
- 腹部近圆筒形，第十腹节明显扩宽；
- 尾铗通常对称。

① **钳丝尾蠊** *Diplatys forcipatus* 的雄性，左右尾铗分别呈半圆形。

② **丝尾蠊** *Diplatys* sp. 的雌性，两个尾铗较为接近。

大尾蠊科 Pygidicranidae

- 头部扁平，后缘不内凹；
- 触角节较粗短，第四节至第六节长不大于宽，前翅臀角圆形，翅盾片外露；
- 腿节通常侧扁。

③ **瘤蠊** *Challia* sp.，最明显的特征是腹部末节背板近后缘处具瘤状突起，尾铗长而扁，形状特殊。

肥蠊科 Anisolabididae

- 体通常不十分扁平；
- 头长大于宽；
- 触角25节以下；
- 大部分种类完全无翅，极少具翅；
- 腿节不侧扁；
- 第二跗节正常，不延伸至第三跗节的下方；
- 尾铗对称或不对称。

④ 树皮下生活的**肥蠊科**种类，完全无翅。

蠼螋科 Labiduridae

- 体通常不十分扁平;
- 头长大于宽;
- 触角25节以上;
- 大部分种类具翅, 极少无翅;
- 腿节不侧扁;
- 第二跗节延伸至第三跗节的下方;
- 尾铗对称或不对称。

① **蠼螋** *Labidura* sp. 生活于婆罗洲的热带雨林中, 有趋光性。

扁螋科 Apachyoidae

- 体极度扁平;
- 前翅臀角较弱, 胸盾片外露;
- 尾铗内弯。

② **扁螋** *Apachyus* sp. 是非常扁平的大型种类, 生活于树皮下。此为雄性若虫。

垫跗螋科 Chelisochidae

- 体中型至大型;
- 触角17~22节;
- 翅发达, 极少种类缺如;
- 第二跗节狭长, 延伸至第三节的基部下方;
- 尾铗对称。

③ **首垫跗螋** *Proreus simulans*, 尾铗粗壮直伸, 内缘有时具一大齿。生活于土表或植物上, 趋光性不明显。

球螋科 Forficulidae

- 触角12~16节；
- 翅发达，极少完全无翅；
- 跗节第二节扩宽并扁平，心形；
- 尾铗对称，但个体间略有变异。

① **异螋** *Allodahlia scabriuscula*，生活在潮湿的腐木下，或树木缝隙内。全体黑褐色，鞘翅宽阔，雄性尾铗基部明显弯曲，之后直伸。

② **异螋**的雌虫尾夹简单，直伸。

缺翅目 | **ZORAPTERA**

触角九节缺翅目，一节尾须二节跗；
无翅有翅常脱落，隐居高温高湿处。

缺翅虫，属昆虫纲缺翅目。成虫体长2~4 mm，是极为罕见的昆虫类群，被称作昆虫中的"活化石"。缺翅目目前仅知1科1属，全世界已知现生种类41种，化石种类9种。我国已知4种，其中中华缺翅虫和墨脱缺翅虫分布于藏东南地区，均为我国二类保护动物。缺翅虫现生种类主要分布于热带、亚热带的很多地区，以海岛居多。但绝大多数为窄布种类，是大陆漂移学说的很好例证。

缺翅虫多群居生活，通常是以缺翅类型出现，当种群较为拥挤或者某些特殊情况下，便产生部分有翅个体，以便于扩散到周围。但是，其身体较为柔弱，也只能进行短距离的迁飞扩散。有意思的是，无翅型缺翅虫没有单眼和复眼，而有翅型缺翅虫则两者均有。当有翅型缺翅虫迁飞到新的居所之后，翅便像白蚁和蚂蚁的一样，自行脱落。缺翅虫一般生活在常绿阔叶林中，多发现于朽木的树皮下或者腐殖质土内，以真菌为食。

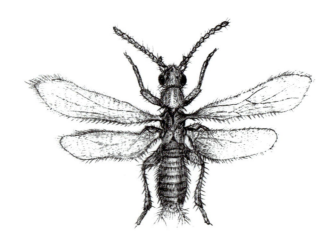

▶ 主要特征

❶ 体微小，体长不超过3 mm，有翅型的翅展为7 mm左右；

❷ 口器咀嚼式；

❸ 触角9节，呈念珠状；

❹ 无翅型个体无单眼和复眼；

❺ 有翅型具有复眼和3个单眼；

❻ 尾须1节。

缺翅虫科 Zorotypidae

① **墨脱缺翅虫** *Zorotypus medoensis*，无翅型成虫，红棕色。

② **墨脱缺翅虫**，有翅型成虫，体更加狭长、细小，翅为黑色。

啮虫目 PSOCOPTERA

书虱树虱啮虫目，前胸如颈唇基突；
前翅具痣脉波状，跗节三两尾须无。

　　啮虫目昆虫，中文名为"啮虫""书虱"，简称"虱"。该目昆虫与虱目昆虫等较为近源，被认为是半翅总目中最接近原始祖先的类群。最古老的啮虫目化石出现在距今两亿多年前的古生代二叠纪。

　　啮虫已知5 500余种，世界各地均有分布，隶属于3亚目45科。我国啮虫资源丰富，种类繁多，目前已知近1 600种。

　　啮虫目昆虫为渐变态。若虫与成虫相似，多数种类两性生殖，卵生。一次产卵20~120粒，单产或聚产于叶上或树皮上，盖以丝网。部分啮虫具胎生能力，有些种类能营孤雌生殖。

　　啮虫生境十分复杂，一般生活于树皮、篱笆、石块、植物枯叶间及鸟巢、仓库等处，在潮湿阴暗或苔藓、地衣丛生的地方也常见，大部分种类属于散居生活，有的种类具群居习性。爬行敏捷，不喜飞翔。

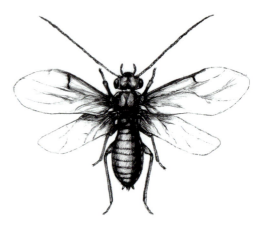

▶ 主要特征

❶ 体小型，体长1~10 mm；
❷ 头大，活动自如，下口式，Y形头盖缝显著；
❸ 触角长，丝状，13~50节；
❹ 口器咀嚼式，明显特化，下唇基十分发达，呈球形凸出；
❺ 复眼大而突出，左右远离；
❻ 具长翅型、短翅型、小翅型和无翅型的种类；
❼ 胸部发达、隆出，有翅种类前胸退化似颈状，无翅种类前胸增大；
❽ 翅膜质，静止时呈屋脊状叠盖于背上；
❾ 脉相简单，一条或数条翅脉常极度弯曲；
❿ 足细长，跗节2~3节；
⓫ 腹部9节或10节，第一节退化，无尾须。

全鳞啮科 Perientomidae

- 触角长,19~50节;
- 复眼大,突出,被毛;
- 单眼3个,彼此距离较远;
- 前单眼远离复眼,侧单眼靠近复眼;
- 生活于阴暗潮湿的石头上。

❶ **全鳞啮**生活于阴暗潮湿的石壁上,行动非常敏捷。

重啮科 Amphientomidae

- 长翅、短翅或无翅;
- 体翅通常被鳞片;
- 触角通常14~17节,少数13节;
- 单眼3个或2个;
- 部分无翅,无单眼;
- 生活在石头上、树上及地表枯枝落叶中。

❷ 外形很像小蛾类的**重啮科**种类。

叉啮科 Pseudocaeciliidae

- 触角13节;
- 长翅型;
- 生活在活的树上。

❸ 体态优美的**中叉啮** *Mesocaecilius* sp.,触角很长,并有长毛(张宏伟 摄)。

①

单啮科 Caeciliusidac

- 体中型;
- 触角13节, 线状, 或鞭节第一、二节膨大;
- 单眼3个或无;
- 长翅、短翅或无翅;
- 翅痣发达;
- 生活在树上或枯枝落叶中;
- 有趋光性。

① **单啮** *Caecilius* sp. 发现于树叶背后。

狭啮科 Stenopsocidae

- 体中型;
- 触角13节;
- 长翅;
- 生活在树上或竹子上;
- 行动敏捷, 活泼。

② 部分**狭啮科**的种类会在叶片上拉出很多丝线, 躲在下面, 以防止天敌侵害。

②

双啮科 Amphipsocidae

- 体大, 多毛, 平扁;
- 触角13节;
- 长翅或短翅;
- 生活在各种活的树上;
- 行动较为迟缓。

③ **双啮科**啮虫, 静止时翅膀平铺。

③

外啮科 Ectopsocidae

- 体小型，体长（到翅端）1.5~2.5 mm；
- 体暗褐色；
- 翅透明或具斑纹；
- 长翅型为主，少数种类短翅或小翅型；
- 触角13节；
- 单眼3个，或无单眼；
- 生活在树上、枯枝落叶、储藏物及蜂巢中；
- 少数种类具捕食性，取食介壳虫、蚜虫等。

❶ 体扁平的**外啮**，在树皮上拉出丝网，躲藏在下面，以防天敌侵害。

美啮科 Philotarsidae

- 通常长翅，少数短翅；
- 体中型，体长（长翅型达翅端，短翅达腹端）
  2.5~5.5 mm；
- 触角12节或13节；
- 翅缘及翅脉具单列刚毛；
- 分布于热带和亚热带地区；
- 生活在树上。

❷ **美啮科**的成虫和若虫生活在叶片上。

羚啮科　Mesopsocidae

- 体中型；
- 长翅或无翅；
- 触角13节；
- 长翅型单眼3个，无翅型无单眼。

1 在土缝中生活的无翅型**羚啮**。

啮虫科　Psocidae

- 触角13节，但长短不一；
- 跗节2节；
- 多生活在树上或石壁上。

2 为大型美丽的**触啮** *Psococerastis* sp.，具有鲜艳的色彩，生活在裸露的石块上。

虱目

PHTHIRAPTERA

寄生禽兽为虱目，触角短小节三五；
复眼缺失或退化，胸部愈合翅全无。

　　虱目是一类无翅寄生昆虫的统称，体腹背扁平，通常小型，体长为0.5~10 mm，体色为白色、黄色、棕色或黑色，视宿主毛色而异，通称虱、虱子或鸟虱。全世界约有3 000种，是鸟类和哺乳动物的体外永久性寄生昆虫。虱终生寄生于宿主体表，以宿主血液、毛发、皮屑等为食，有宿主专一性。

　　虱目昆虫雌体大于雄体，数目亦多于雄体。有一些种类主要营孤雌生殖，雄体罕见。卵单个或成团，附于毛、羽上，人体虱的卵则产于贴身的衣服上，6~14天孵出（人体虱），不完全变态。若虫形似成虫而较小，生活习性亦同，蜕皮数次，8~16天后即成成虫。

　　许多鸟兽可受多种虱的侵染，多数鸟类身上有4~5种鸟虱，分别寄生于不同部位。虱目可暂时离开宿主以转到另一个（同一或另一物种）宿主身上（如从猎物转到掠食者身上或因身体接触即在同种宿主个体间传播）。食毛亚目可附于虱蝇科等昆虫身上从而更换宿主，但更换宿主的情况并不多见。

▶ 主要特征

1 无翅；
2 身体扁平；
3 头小；
4 复眼退化或缺，无单眼；
5 触角3~5节；
6 咀嚼式口器或刺吸性口器；
7 胸部可为3节，中胸可与后胸融合，吸虱亚目的胸部3节愈合为一；
8 足短粗，具有强爪，善于勾住寄主的毛发或羽毛；
9 跗节1~2节，食毛亚目具1~2爪。

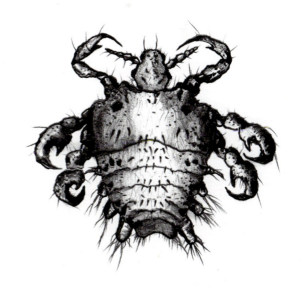

虱科 Pediculidae

- 侧背片端缘不与身体分开；
- 无显著的腹侧瘤；
- 3对足发达。

① 人虱因寄生部位的不同，分为两个亚种，分别是：**体虱** *Pediculus humanus corporis* 和**头虱** *Pediculus humanus capitis*。图为头虱。

阴虱科 Phthiridae

- 全世界仅1种；
- 中后足爪很大，形似螃蟹；
- 寄生于人体阴部，附着于阴毛上。

② **阴虱** *Phthirus pubis*，又称蟹爪虱，生活在人体的阴毛上，是人类阴部特有的寄生昆虫，可借助人类的性行为进行传播。主要吸食血液，造成下体红肿，瘙痒难忍，难杀灭（刘晔 摄）。

长角鸟虱科 Philopteridae

- 触角丝状，3~5节；
- 跗节具2爪；
- 寄生在鸟类羽毛上。

③ **长角鸟虱**是食毛亚目中最为多见的，在世界各地的鸟类身上都可以发现。

缨翅目

THYSANOPTERA

钻花蓟马缨翅目,体小细长常翘腹;
短角聚眼口器歪,缨毛围翅具泡足。

　　缨翅目的昆虫通称蓟马,是一类体形微小、细长而略扁具有锉吸式口器的昆虫。蓟马若虫与成虫相似,经"过渐变态"后发育为不取食而有翅芽的前蛹或预蛹,尔后羽化为有翅的成虫,其翅边缘有缨毛,故称缨翅目。目前,全世界已描述的种类有9科6 000余种,中国已知340余种。若虫与成虫多见于花蕊、叶片背面及枯叶层中。

　　过渐变态一生经历卵、一二龄幼虫、三四龄蛹、成虫。两性生殖和孤雌生殖,或者两者交替发生。大多数为卵生,但也有少数种类为卵胎生。若虫常易与无翅型种类的成虫相混淆。但若虫头小,无单眼,复眼很小,体黄色或白色,管尾亚目的若虫体常有红色斑点或带状红斑纹。蓟马善跳,在干旱的季节繁殖特别快,易形成灾害,常见于花上,取食花粉粒和发育中的果实。

▶ 主要特征

❶ 体微小型至小型,细长,体长一般为0.5~15 mm。

❷ 头锥形,能活动,下口式;口器锉吸式,左右不对称。

❸ 复眼发达,小眼面数目不多。

❹ 单眼通常为3个,在头顶排列成三角形,无翅型常缺单眼。

❺ 触角短,6~10节。

❻ 翅常2对,狭长,膜质,边缘具长缨毛,前、后翅形状大致相同,翅脉有或无,也有无翅及仅存遗迹的种类。

❼ 足跗节1~2节,末端常有可伸缩的由中垫特化而成的泡囊,爪1~2个。

❽ 腹部常10节,纺锤状或圆筒形;无尾须。

❾ 锥尾亚目雌虫第八节至第九节腹板间生出锯齿状的产卵器,末端数节呈圆锥状,雄虫末端钝圆;管尾亚目无特化的产卵器,雌、雄虫末节均呈管状。

纹蓟马科 Aeolothripidae

- 体粗壮；　　● 体褐色或黑色；
- 翅宽阔，翅尖钝圆；
- 翅具横脉；　● 翅面常有暗色斑纹；
- 触角9节，末端5节愈合，但节间仍有间缝；
- 多为捕食性，以其他蓟马、小型昆虫或螨类为食。

❶ 正在叶片上捕食螨类的**长角蓟马** *Franklinothrips* sp.（林义祥 摄）。

蓟马科 Thripidae

- 体长一般0.7~3.0 mm；
- 触角6~8节；　● 有翅或无翅；
- 有翅型翅狭长，翅端尖锐；
- 大多数种类植食性，取食叶片、嫩芽、花和果实等。

❷ 在花间取食的**蓟马**（林义祥 摄）。

管蓟马科 Phlaeothripidae

- 腹部末端（第十腹节）呈圆管状，称"尾管"；
- 有翅或无翅；
- 有翅型前后翅相似，翅脉消失；
- 食性复杂，有植食性、捕食性、菌食性和取食腐殖质的种类。

❸ **瘦管蓟马** *Giganothrips* sp.，是一种比较大型的蓟马，身体极为细长。

半翅目 | HEMIPTERA

蝽蝉蚜蚧半翅目，同翅异翅体上覆；
刺吸口器分节喙，水陆取食动植物。

半翅目包括4个亚目：胸喙亚目Stemorrhyncha、头喙亚目Auchenorrhyncha、鞘喙亚目Coleorrhyncha、异翅亚目Heteroptera。半翅目昆虫世界性分布，以热带、亚热带种类最为丰富。目前，世界已知83 000多种，中国已知6 100多种。

半翅目昆虫为渐变态（粉虱和介壳虫雄虫近似全变态），一生经过卵、若虫、成虫3个阶段。卵单产或聚产于土壤、物体表面或插入植物组织中，初孵若虫留在卵壳附近，蜕皮后才分散。若虫食性、栖境等与成虫相似。一般5龄，1年1代或多代，个别种类多年完成1代。许多种类具趋光性。

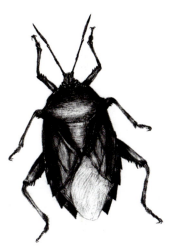

半翅目昆虫多为植食性，以刺吸式口器吸食多种植物幼枝、嫩茎、嫩叶及果实的汁液，有些种类还可传播植物病害。吸血蝽类为害人体及家禽家畜，并传染疾病；水生种类捕食蝌蚪、其他昆虫、鱼卵及鱼苗；猎蝽、姬蝽、花蝽等捕食各种害虫及螨类，是多种害虫的重要天敌；有些种类可以分泌蜡、胶，或形成虫瘿，产生五倍子，是重要的工业资源昆虫，紫胶、白蜡、五倍子还可药用。蝉的鸣声悦耳动听，蜡蝉、角蝉的形态特异，是人们喜闻乐见的观赏昆虫。

▶ 主要特征

❶ 体小型至大型，体形及体色均多样；　❷ 头部后口式；　❸ 口器刺吸式，喙管从头部后方伸出，多为3节，异翅亚目种类喙管从头的前端伸出，通常4节，休息时沿身体腹面向后伸；　❹ 触角多为丝状，部分刚毛状；　❺ 复眼发达，突出于头部两侧；　❻ 单眼2个或3个，位于复眼稍后方，少数种类无单眼；　❼ 前胸背板发达，通常呈六角形，有的呈长颈状，两侧突出呈角状；　❽ 中胸小盾片发达，通常呈三角形，少数半圆形或舌形，有的种类特别发达，可将整个腹部盖住；　❾ 胸喙亚目和头喙亚目种类前翅质地均匀，膜质或革质，休息时常呈屋脊状放置，有些蚜虫和雌性介壳虫无翅，雄性介壳虫后翅退化呈平衡棍；　❿ 异翅亚目种类前翅基半部骨化成革质，端半部膜质，为半鞘翅，革质部分又常分为革片、爪片、缘片和楔片，膜质部分称为膜片，膜片的翅脉数目和排列方式因种类不同而异；　⓫ 足的类型因栖境和食性而异，除基本类型为步行足外，还有捕捉足、游泳足和开掘足等，跗节1~3节；　⓬ 部分种类具蜡腺（胸喙亚目和头喙亚目）；　⓭ 部分种类具臭腺（异翅亚目）；　⓮ 部分种类可以发声（头喙亚目）。

① 小型奇特的**奇蝽**。

奇蝽科 Enicocephalidae

- 多数种类体长2~5 mm，少数种类可达16 mm；
- 多数种类雌雄异型，雌虫常短翅或无翅；
- 头部向前伸长；
- 前翅质地均一，不分成革质部和膜质部；
- 前足跗节可弯向跗端，犹如虱子的前足，有助于把握猎物；
- 很多种类有群飞习性，在异翅亚目中是唯一的。

尺蝽科 Hydrometridae

- 体细长，杆状；
- 头部多强烈伸长，并平伸向前；
- 复眼相对较小，位于头的中段，远离前胸背板；
- 触角细长；
- 足的着生位置多偏重侧方；
- 生活于长有植物的静水水体旁；
- 可在水面迅速爬行。

② **尺蝽** *Hydrometra* sp.，通常在水面捕食小甲壳动物和昆虫幼虫，尤其是孑孓，有群集取食行为。

黾蝽科 Gerridae

- 体小型至大型；
- 除少数种类外，全身覆盖由微毛组成的拒水毛；
- 前足粗短变形，具抱握作用；
- 中后足极细长，向侧方伸开；
- 腿节与胫节几乎等长；
- 各足跗节均为2节；
- 前翅翅室2～4个，翅的多型现象普遍；
- 几乎终生生活在水面，包括静水、激流、海边沿岸等。

① 水黾 *Gerris* sp.，通常在水面上划行，以掉落在水上的其他昆虫、虫尸或其他动物的碎片等物为食。

负子蝽科 Belostomatidae

- 体中型至极大型，最大种类的体长可达110 mm；
- 卵圆形，身体较扁平；
- 触角前3节一侧具叶状突起，略成鳃叶状；
- 小盾片较大；
- 前翅整体具不规则网状纹，膜片脉序也呈网状；
- 前足捕捉式；
- 多生活于静水中，常停留在水草上静候猎物；
- 有较强趋光性。

② 印度田鳖 *Lethocerus indicus*，俗称桂花蝉，是最大型的异翅亚目昆虫（吴超 摄）。

③ 日拟负蝽 *Appasus japonicus*，雌虫将卵产于雄虫背上，雄虫常游泳至水面或者用足划水，使卵得到充分的氧气，以利孵化。

①

蝎蝽科 Nepidae

- 体较大型, 体长15~45 mm;
- 身体长筒形;
- 头部平伸;
- 前胸背板可强烈延长;
- 前翅膜片具大量翅室, 不很规则;
- 前足捕捉式, 中后足细长, 适于步行;
- 各足跗节均为1节;
- 第八腹节背板变形, 成为1对丝状构造, 合并成1个长管, 伸出于腹后, 并接触水面, 为呼吸管;
- 生活于静水水体, 不善游泳;
- 捕食各种小型水生动物。

❶ **日壮蝎蝽** *Laccotrephes japonensis*, 前胸背板前后端均有显著突起, 分布广泛。

②

蟾蝽科 Gelastocoridae

- 体中小型, 体长7~15 mm, 外形似蟾蜍, 身体宽短扁平, 且表面凹凸不平;
- 头部短宽, 强烈垂直;
- 复眼略突出, 成虫具单眼;
- 前胸背板极宽大, 占据体长的比例很大;
- 前足腿节极粗大, 中后足细长, 步行式;
- 多为灰黄色, 与沙土相近;
- 有时也见于离岸边稍远的干燥石块下;
- 可作跳跃式运动。

❷ **蟾蝽** *Nerthra* sp., 形似小蛙, 跳跃捕食, 栖于小溪或池塘水边的泥中。

划蝽科 Corixidae

- 体长2.5~15 mm;
- 体多狭长,成两侧平行的流线形;
- 在较淡的底色上具有典型的斑马式斑纹;
- 头部宽短,垂直,明显的下口式;
- 触角短小,3节或4节;
- 后足特化成宽扁的浆状游泳足,具缘毛;
- 生活于各种静水和流动缓慢的水域,包括大小池塘和湖泊;
- 后足划水,中足附着于水草上;
- 有很强的趋光性,有时数量极大。

1 **横纹划蝽** *Sigara substriata*,前胸背板上有5~6条黑色横纹。生活在池塘、湖湾、水田等浅水底层,趋光性强。

仰蝽科 Notonectidae

- 体长5~15 mm;
- 常较狭长,身体向后渐狭尖,成优美的流线形;
- 复眼大;
- 触角3~4节,可部分露出于头外;
- 前翅膜片无翅脉,后足很发达,扁平,为浆状游泳足;
- 终生以背面向下,腹面向上的姿势在水中游泳生活;
- 多生活于静水池塘、湖泊或溪流中水流缓慢的区域;
- 捕食性强。

2 **仰泳蝽**,一般生活在水的上层,腹面向上活动,肉食性。

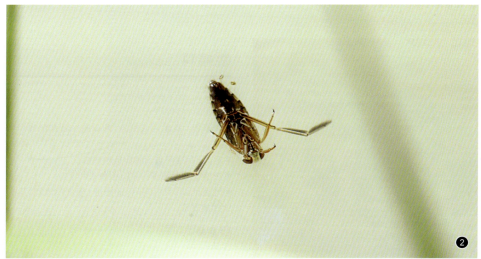

①

蚤蝽科 Helotrephidae

- 体微小,长1~4 mm;
- 体十分短宽,较为厚实;
- 头部和前胸愈合,形成头胸部,外表仅见1条很细的波状横纹;
- 头胸部约占体长的1/2;
- 体其余部分明显向后尖狭,但小盾片极大;
- 前翅全部革质,无膜片,眼相对较小;
- 后足多形成游泳足;
- 栖息于静水池塘或溪流的回水处;
- 以腹部向上的姿势生活。

① **线蚤蝽** *Distotrephes* sp.,是一种微型水生蝽类,生活在山间小溪相对平静的水湾中,可在水下石头上发现。

②

跳蝽科 Saldidae

- 体小型,长2.3~7.4 mm;
- 卵圆形,较扁平;
- 体灰色、灰黑色或黑色,常带有一些淡色或深色碎斑;
- 眼大,后缘多与前胸背板相接触;
- 生活在河湖沼泽的岸边和潮间带等处;
- 地表活动,可低飞,行动敏捷,但保护色较好,不易被发现。

② **跳蝽**是小型且十分活跃的类群,多在山间溪流边生活。

猎蝽科 Reduviidae

- 体小型至大型,体型多种多样;
- 头部常在眼后变细,伸长;
- 多有单眼;
- 喙多为3节,短粗,弯曲或直;
- 捕食性,以各种节肢动物为主要食物。

❶ 蚊猎蝽属于蚊猎蝽亚科 Emesinae,六足细长,形似大蚊。

❷ 齿塔猎蝽 *Tapirocoris densa* 在植物丛的中上层活动。

瘤蝽科 Phymatidae

- 体小型至中型;
- 前足捕捉足;
- 背部扁平,身体向侧方延伸并具圆形突。

❸ 螳瘤蝽 *Cnizocoris* sp.,多生活在山地植物上,以伏击其他弱小动物为食。

捷蝽科 Velocipedidae

- 体中型；
- 体卵圆形，背面扁平；
- 头狭长，平伸；
- 头的眼前部分极长；
- 复眼距前胸背板较远，向两侧突出；
- 单眼1对；
- 喙极细长，第三节极长；
- 外革片极度扩展，致使前翅宽大；
- 在树皮下生活。

❶ 树皮下生活的**捷蝽**，以捕捉其他小型昆虫为食。

盲蝽科 Miridae

- 体小型至中型，体型多样；
- 体较柔弱；
- 头部或多或少下倾或垂直；
- 除个别种类外，均无单眼；
- 生活在植物上，活泼，善飞翔；
- 喜吸食植物的花瓣、子房和幼果等。

❷ **丽盲蝽** *Lygocoris* sp.，显得有些柔弱，但却是不折不扣的捕食者，通常在花上捕食小型昆虫。

网蝽科 Tingidae

- 体小型至中型;
- 体扁平,有相对较宽的前翅;
- 头相对较小;
- 无单眼;
- 触角4节,第一、二节较短,第三节长,第四节纺锤形;
- 前胸背板后端向后形成三角形,并延伸遮盖中胸小盾片,两侧形成"侧叶",中央前方形成"头兜";
- 前翅全部形成革质,坚硬,外侧宽大平展;
- 前胸背板和前翅密布网格状花纹,容易辨认;
- 无鲜艳的体色;
- 多栖息于植物叶片的反面,也有的生活在树皮缝隙、苔藓层下,均为植食性。

❶ 网蝽虽然色泽素雅,但无疑就是一件件活生生的小型工艺品。

姬蝽科 Nabidae

- 体多为中小型;
- 头平伸;
- 触角4节,具梗前节,有时此节较大,而使触角看上去像是5节,喙常弯曲,但较细长,与猎蝽科不同;
- 多栖息于植物上,捕食蚜虫等小型节肢动物。

❷ 姬蝽通常栖息于灌木丛间,捕食其他小型昆虫。

臭虫科 Cimicidae

- 体小型至中型；
- 体卵圆形，扁平；
- 体色红褐色；
- 外观几乎无翅；
- 以鸟兽的血液为食。

❶ **床虱** *Cimex lectularius*，对人类环境最为适应，它们可在世界上所有温带气候的地方被发现。

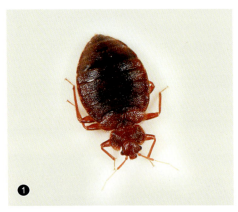

❶

②

扁蝽科 Aradidae

- 体小型至中型；
- 体十分扁平；
- 体褐色或黑色，多无翅；
- 头平伸；
- 复眼小；
- 无单眼；
- 触角4节。

❷ **克什米尔似喙扁蝽** *Pseudomezira kashmirensis*，生活于腐烂的倒木树皮下，常成群聚居，以细长的口针吸食腐木中的真菌菌丝。

同蝽科 Acanthosomatidae

- 体多数为中型；
- 体椭圆形，绿色或褐色，常带有红色等鲜艳的斑纹；
- 头向前平伸，渐狭，略呈三角形；
- 触角5节；
- 前胸背板侧角常强烈伸长成尖刺状；
- 中胸小盾片三角形，不长于前翅长度的50%；
- 栖息于灌木或乔木上，喜食果实；
- 许多种类雌性有保护卵块和初孵幼虫免受天敌侵害的行为。

❸ **同蝽** *Acanthosoma* sp.。

③

①

土蝽科 Cydnidae

- 体小型至中型；   ● 体色以黑色为主，也有褐色或黑褐色的种类，个别有白色或蓝白色花斑；
- 体厚实，略隆起，体壁坚硬，常具光泽；   ● 头平伸或前倾，常短宽，背面较平坦，前缘多呈圆弧形；
- 触角多为5节，少数4节，较粗短；   ● 各足跗节3节，胫节粗扁，或变成勺状、钩状等；
- 栖息于地表或地被物下，或土壤表层、土缝之中；   ● 吸食植物根部或茎部的汁液；
- 有些种类有成虫护卵和若虫聚集的习性；   ● 部分种类有趋光性。

① 一种体型中等的**土蝽**。

朱蝽科 Parastrachiidae

- 体为两端渐尖而中央较宽的长卵圆形；
- 头部侧叶甚宽，呈三角形，明显长于中叶；
- 前胸背板前角尖；
- 成虫有群居和护卵习性；
- 生活于林缘、灌木、草丛等处；
- 有趋光性。

② **日本朱蝽** *Parastrachia japonensis*，鲜红色并带有明显的黑斑。

②

兜蝽科　Dinidoridae

- 体中型至大型，外形与蝽科较为相似；
- 体椭圆形；
- 体褐色或黑褐色，多数无光泽；
- 触角多数5节，少数4节；
- 触角着生处位于头的腹面，从背面看不到；
- 前胸背板表面常多皱纹或凹凸不平；
- 中胸小盾片长不超过前翅长度的1/2，末端比较宽钝；
- 各足跗节2节或3节；
- 前翅膜片脉序因多横脉而成不规则的网状。

① **大皱蝽** *Cyclopelta obscura*，与多数兜蝽科种类一样，灰黑色，其貌不扬，完全可以用"难看"一词来形容。

蝽科　Pentatomidae

- 体小型至大型；
- 体多为椭圆形，背面一般较平，体色多样；
- 触角5节，有时第二、三节之间不能活动，极少数4节；
- 有单眼；
- 前胸背板常为六角形；
- 中胸小盾片多为三角形，约相当于前翅长度的1/2；
- 各足跗节3节；
- 大多植食性，喜吸食果实或种子，也可吸食植物的汁液；
- 益蝽亚科Asopinae的种类为捕食性，口器较粗壮。

② **麻皮蝽** *Erthesina fullo*，体背黑色，散布有不规则的黄色斑纹。成虫及若虫均以锥形口器吸食多种植物汁液。

③ **削疣蝽** *Cazira frivaldskyi*，小盾片上有2个大型的瘤峰，前足胫节片状，极易识别。

龟蝽科 Plataspidae

- 体小型至中小型；
- 体短宽，后缘多少平截；
- 梯形或倒卵圆形略呈龟状或豆粒状；
- 体为黑色并具光泽，部分种类为黄色，并带有斑纹；
- 触角5节，第二节甚为短小，第一节常不可见；
- 中胸小盾片极度发达，遮盖整个腹部及前翅的大部，与腹端取齐；
- 前翅在静止时全部隐于小盾片之下；
- 足较短，各足跗节2节；
- 多栖息于植物枝条上，常集小群；
- 臭腺发达，可发出强烈的臭气。

1 **豆龟蝽** *Megacopta* sp.，近卵形，体淡黄褐色，复眼红褐色，均喜群居，为害植物。

盾蝽科 Scutelleridae

- 多数种类具鲜艳色彩和花斑；
- 背强烈圆隆，卵圆形；
- 头多短宽；
- 触角4节或5节；
- 中胸小盾片极发达，遮盖整个腹部和前翅绝大部分；
- 各足跗节3节；
- 臭腺发达，可发出强烈的臭气；
- 植食性，喜吸食果实。

2 **山字宽盾蝽** *Poecilocoris sanszesignatus*，体具强烈的金属光泽，蓝绿色带有鲜红斑纹，前胸背板中后区两侧具山字形红色条纹，因此而得名。

荔蝽科 Tessaratomidae

- 体大型，外形与蝽科相似；
- 体褐色、紫褐色或黄褐色，有些具金属光泽；
- 头小型；
- 触角4~5节，第三节短小，中国种类多数4节；
- 触角着生处位于头的下方，从背部不可见；
- 喙较短，不超过前足基节；
- 各足跗节2节或3节；
- 臭腺发达，可发出强烈的臭气；
- 生活于乔木上，吸食果实和嫩梢。

❶ **硕蝽** *Eurostus validus*，为大型种类，体椭圆形，紫红色带有金绿色斑，非常漂亮。成虫有假死性，遇敌或求偶时会发出声音。

异蝽科 Urostylididae

- 绝大多数为中型种类；
- 体椭圆形，常较扁平；
- 相对蝽总科其他类群身体显得较弱；
- 足和触角相对比较细长；
- 底色多为绿色或褐色；
- 头较短小；
- 单眼多互相靠近；
- 触角5节，少数4节，第一节很长；
- 前胸背板梯形；
- 小盾片三角形，一般不超过前翅长度的1/2；
- 膜片具6~8根纵脉，平行且简单；
- 臭腺发达，可发出强烈的臭气；
- 雄虫生殖器大，开口处常有较复杂的突起等结构，非常明显，故亦称"异尾蝽"；
- 植食性；
- 栖息于乔木之上，喜静伏于叶面背后，两触角相互靠近，向前直伸。

❷ **美盲异蝽** *Urolabida pulchra*，是一种色彩异常鲜艳的种类。

跷蝽科 Berytidae

- 体小型至中型；
- 体、足及触角极细长，灰黄色至红褐色；
- 运动时，身体抬高，靠细长的足支撑，犹如踩高跷，故得名；
- 有单眼；
- 触角4节，极细长，前3节长，第一节末端突然加粗，第四节短小，纺锤形；
- 前翅前缘常凹弯，成束腰状；
- 膜片脉一般为5条，简单；
- 各足腿节及胫节极细长，腿节末端加粗；
- 各足跗节均3节；
- 植食性为主，也有捕食其他昆虫的记录。

❶ 锤胁跷蝽 *Yemma signatus*，体狭长，淡黄褐色。成虫、若虫群聚，植食性为主，有时也会吸食其他小虫。

长蝽科 Lygaeidae

- 体微小型至中型；
- 体型多样，椭圆形居多；
- 大多数种类身体色彩暗淡，少数鲜红色带大型黑斑；
- 头多数平伸；
- 有单眼；
- 触角4节，简单；
- 前翅膜片有4条或5条纵脉，简单，不分支，极少种类有1个或3~4个翅室；
- 生活在地表和地被物间，以及植物上；
- 很多喜吸食果实、种子及植株的浆液；
- 很多种类的若虫拟态蚂蚁。

❷ 大眼长蝽 *Geocoris* sp.，为小型种类，眼大而突出，向后强烈斜伸。捕食性，可捕食叶蝉、盲蝽、棉蚜等若虫及鳞翅目害虫的卵及小幼虫。

①

大红蝽科 Largidae

- 体小型至大型;   ● 体常为椭圆形,鲜红色或多少带有红色;
- 触角4节,着生于侧面中线下方;   ● 无单眼;
- 前胸背板无扁薄而且上卷的侧边;
- 前翅膜片具多条纵脉,可具分支,或形成不规则网状,基部形成2~3个翅室;
- 产卵器发达;   ● 生活于植株上,或在地表爬行;
- 取食植物汁液及果实和种子,也有捕食其他昆虫的记录。

① **巨红蝽** *Macroceroea grandis*,为大型种类,长卵形,血红色,雄虫腹部极度延伸。成虫于7—9月出现,并以成虫在落叶堆中过冬。群栖性,受惊则假死垂地。成虫、若虫性喜静,不善飞翔,分布于南方省份。图中为雄虫。

②

红蝽科 Pyrrhocoridae

- 体中型至大型;
- 体椭圆形;
- 体多为鲜红色,并有黑斑;
- 头部平伸;
- 触角4节,着生于头侧面中线下方;
- 无单眼;
- 前胸背板具扁薄而且上卷的侧边;
- 前翅膜片具多条纵脉,可具分支,或形成不规则网状,基部形成2~3个翅室;
- 产卵器退化;
- 植食性,生活于植株上,或在地表爬行;
- 主要寄主于锦葵科或其近缘科,取食果实或种子。

② **阔胸光红蝽** *Dindymus lanius*,体朱红色,前翅膜片大部分黑色。

缘蝽科 Coreidae

- 体中型至大型，大型种类身体坚实；
- 体型多样，多为椭圆形；
- 头常短小，唇基向下倾斜，或与头部背面垂直；
- 相当种类的触角节与足有扩展的叶状突起；
- 前胸背板侧方常有各式叶状突起；
- 后足胫节有时膨大，或具齿列，后足胫节有时弯曲；
- 全部植食性，栖息于植物上，喜吸食植物营养器官、嫩芽等；
- 常分泌强烈的臭味。

1 **达缘蝽** *Dalader* sp.，体赭色，前胸背板侧叶向前侧方伸展较短。

2 **蜂缘蝽** *Riptortus* sp.，白天活动，极为活跃，常在草丛中作短距离飞行。以成虫在枯草丛中、树洞中和屋檐下等处越冬。

姬缘蝽科 Rhopalidae

- 体小型至中型；
- 体椭圆形；
- 体灰暗，少数鲜红色；
- 外貌似长蝽科或红蝽科的部分种类；
- 单眼着生处隆起，但两单眼并不靠近；
- 触角第一节较短，短于头的长度；
- 生活于植物上，尤以低矮植物为多；
- 植食性，以植物营养器官种子和花为食。

3 小型的**姬缘蝽**，可在野外菊科植物的花上见到。

胸喙亚目 STEMORRHYNCHA

蚜科 Aphidoidae

- 部分种类孤雌生殖，胎生；
- 部分种类两性生殖，卵生；
- 前翅有4个斜脉；
- 触角4～6节，如为3节，则尾片烧瓶状；
- 头胸部之和大于腹部；
- 尾片形状多样，腹管有或无。

① **瘿绵蚜亚科** Pemphiginae，有翅成虫，身上长满蜡丝，飞翔的时候犹如一小团棉花飘浮在空中。

② **梨日本大蚜** *Nippolachnus piri*，属大蚜亚科 Lachninae，该虫以卵越冬，3月卵孵化，5月往梨树上迁移，夏季可在梨树上繁殖多代。

③ **毛蚜亚科** Chaitophorinae 的种类，大都群体生活，多生活在植物的叶片或嫩梢上。

④ **蚜属** *Aphis*（蚜亚科Aphidinae）的种类，成群聚集在新发芽的嫩叶上取食。

⑤ **长管蚜亚科** Macrosiphninae，很多种类是重要的蔬菜害虫。

斑木虱科 Aphalaridae

- 静止时，前后翅呈屋脊状覆盖于体背；
- 头短，横宽；
- 触角第三节正常，有时稍微粗长；
- 前翅前缘有断痕。

❶ 成虫越冬的**斑木虱**，甚至可以在雪地中见到它们的身影。

幽木虱科 Euphaleridae

- 前胸侧缝居中；
- 前翅前缘具断痕；
- 翅脉呈两叉分支；
- 后足胫节无基齿。

❷ **幽木虱**成虫。

木虱科 Psyllidae

- 前翅前缘有断痕；
- 有翅痣；
- 翅脉呈两叉分支；
- 后足胫节通常有基齿。

❸ 黄色的**木虱科**种类，其翅为半透明状。

裂木虱科 Carsidaridae

- 体中型；
- 头前缘触角窝粗大外翘；
- 触角长于头宽；
- 后足胫节具基齿；
- 前翅前缘无断痕。

❹ 一种**裂木虱科**种类。

个木虱科 Triozidae

- 前翅前缘无断痕;
- 翅脉呈三叉分支;
- 无翅痣。

1 **个木虱**的翅较为狭长。

绵蚧科 Monophlebidae

- 体多为大型;
- 雄虫有桑葚状复眼;
- 雄虫触角10节;
- 雄虫翅黑色或深灰色,能纵褶;
- 雄虫第九节腹板有2个生殖突;
- 雄虫第八节腹板有时每侧向后突出;
- 雌虫表皮柔软,雌胸、腹部分节明显;
- 雌虫触角11节;
- 雌虫口器及足发达;
- 雌虫蜡丝特别发达,形状不同,结构和颜色也有变化。

2 **草履蚧** *Drosicha* sp. 的雌虫,卵圆形,形似草鞋,故得名。其身体上覆盖有1层蜡粉。

3 **草履蚧**的雄虫有1对翅,身体瘦小。

洋红蚧科 Dactylopiidae

- 粉蚧总科最原始的科,与绵蚧科近似,
- 腹部无气门;
- 雌虫体卵形或椭圆形,分节明显;
- 雌虫触角和足发达,短;
- 雌虫体表被棉絮状蜡质分泌物;
- 雄虫无复眼;
- 雄虫有单眼6个;
- 雄虫有翅;
- 主要寄主于仙人掌。

4 **洋红蚧** *Dactylopius coccus*,又称胭脂虫,主要寄生在仙人掌上。

粉蚧科 Pseudococcidae

- 雌虫体通常呈卵圆形，少数长形或圆形；
- 雌虫体壁通常柔软，明显分节；
- 雌虫触角5～9节；
- 雌虫喙2节，很少1节；
- 雌虫足发达；
- 雌虫自由活动；
- 雌虫体表有蜡粉；
- 雄虫通常有翅；
- 雄虫有单眼4～6个；
- 雄虫腹部末端有1对长蜡丝。

❶ **粉蚧**的雄虫，腹部末端长有1对很长的蜡丝。

胶蚧科 Kerridae

- 雌成虫体略呈卵形，极隆起； ● 雌成虫头很小；
- 雌成虫触角极退化，瘤状； ● 雌成虫胸部发达，占虫体大部分；
- 雌成虫无足； ● 雌成虫腹部极退化，短管状；
- 雄虫有翅或无翅； ● 雄虫单眼3个； ● 雄虫触角10节；
- 雄虫腹部末端有2个长蜡丝； ● 雄虫交配器为腹部长度的1/2；
- 雌成虫能分泌大量虫胶包裹身体，被称为紫胶，是工业生产中重要的涂料和黏合剂；
- 紫胶蜡是硬型天然蜡，用途广泛。

❷ **云南紫胶虫** *Kerria yunnanensis*，是一种重要的经济昆虫。

蜡蚧科 Coccidae

- 雌虫体长卵形、卵形；
- 雌虫体扁平或隆起呈半球形或圆球形；
- 雌虫体壁有弹性或坚硬，光滑，裸露，或被有蜡质、虫胶等分泌物；
- 雌虫体分节不明显；
- 雌虫触角通常6~8节；
- 雌虫足短小；
- 雄虫触角10节；
- 雄虫单眼4~10个，一般为6个；
- 雄虫腹部末端有2个长蜡丝；
- 寄生于乔木、灌木和草本植物上。

❶ **蜡蚧** *Ceroplastes* sp. 的雌虫。

粉虱科 Aleyrodidae

- 体小型；　● 两性均有翅，表面被白色蜡粉；
- 复眼小眼分上下两群，分离或连在一起，单眼2个；
- 触角7节；　● 前翅脉序简单；
- 后翅只有1条纵脉；　● 两性生殖或孤雌生殖；
- 刺吸植物汁液，是柑橘及多种农林作物的重要害虫。

❷ **粉虱**通常白色，或翅上略有暗色花纹。成群生活在叶片的背面，吸食叶子的汁液。

头喙亚目 AUCHENORRHYNCHA

叶蝉科 Cicadellidae

- 体长3~15 mm，形态变化很大；
- 单眼2个，少数种类无单眼；
- 触角刚毛状；
- 前翅革质，后翅膜质；
- 翅脉不同程度退化；
- 后足胫节侧缘有3~4列刺状毛；
- 生活在植株上，能飞善跳；
- 主要取食植物的叶子。

❶ 短头叶蝉 *Iassus* sp.，属于叶蝉亚科Iassinae，通体绿色。

❷ 黑尾大叶蝉 *Bothrogonia ferruginea*，为大叶蝉亚科Cicadellinae的种类，体呈黄褐色、橙黄色，头胸部常具多枚黑斑。前翅末端黑色，因此而得名。吸食小型灌木汁液。

❸ 离脉叶蝉亚科 Coelidiinae 的种类。

❹ 拟片脊叶蝉 *Parapythamus* sp.，属于横脊叶蝉亚科Evacanthinae。

叶蝉科 Cicadellidae

❶ 广头叶蝉 *Macropsis* sp., 为广头叶蝉亚科Macropsinae, 体小型, 头冠圆钝, 较宽, 故此得名。喜吸食灌木汁液。

❷ 槽胫叶蝉 *Drabescus* sp., 为缘脊叶蝉亚科Selenocephalinae, 体中型, 头冠略钝扁; 头冠及胸部、小盾片等处白绿色, 带浅褐色条纹 (寒枫 摄)。

❸ 点翅耳叶蝉 *Confucius* sp., 为耳叶蝉亚科Ledrinae, 是一种外貌奇特的耳叶蝉。雄虫头冠片状、弧形, 向前极度伸出。

❹ 脊冠叶蝉亚科 Aphrodinae, 体多为小型或中型, 常为暗褐、绿色、黑色, 有时具有黄色、黑色、褐色等色彩及斑纹。常具短翅型和性二型种类。

叶蝉科 Cicadellidae

❶ **片角叶蝉亚科** Idiocerinae，体多为小型至中型，色彩多样，绝大多数以木本植物为食。

❷ **小叶蝉亚科** Typhlocybinae，体长通常只有2~4 mm，多以乔木或灌木为寄主。

❸ **乌叶蝉亚科** Penthimiinae，体多为小型至中型，体型宽短、扁平、体色通常较暗。

❹ **杆叶蝉亚科** Hylicinae，体多为中型至大型，且长相奇特。照片中的种类胸部有4个刺状突起。

叶蝉科 Cicadellidae

❶ 沟顶叶蝉亚科 Selenocephalinae 的种类。

❷ 秀头叶蝉亚科 Stegelytrinae 小头叶蝉属 *Placidus* 的种类。

❸ 额垠叶蝉亚科 Mukariinae 的种类。

❹ 角顶叶蝉亚科 Deltocephalinae 的种类，体大多为中型，体色不一，多为绿色、黄色、褐色等；头部形状多样，但绝非片状。

广翅蜡蝉科 Ricaniidae

- 体中型至大型；
- 外观似蛾子，静止的时候，翅呈屋脊状覆盖在身体上；
- 头宽，与前胸背板等宽或相近；
- 前胸背板短，具中脊线；
- 中胸背板很大，隆起，有3条脊线；
- 前翅宽大，三角形，前缘和后缘几乎等长，前缘多横脉，但不分叉；
- 后翅小，翅脉简单。

❶ 八点广翅蜡蝉 *Ricania speculum*，前翅烟褐色，中部圆形透明区有褐色环绕的黑色斑点，翅面散布白色蜡粉。

蜡蝉科 Fulgoridae

- 体中型至大型；　　　● 体色艳丽而奇特；
- 头大多圆形，有些种类有大型头突，直或弯曲；
- 胸部大，前胸背板横形，前缘极度突出，达到或超过复眼后缘；
- 中胸盾片三角形；
- 前后翅发达，膜质，翅脉呈网状；
- 后足胫节多刺。

❷ 龙眼鸡 *Pyrops candelaria*，体大型，头额延伸前突向上稍弯如长鼻；前翅绿色，斑纹交错。吸食龙眼树树汁。

颜蜡蝉科 Eurybrachidae

- 体中型;　　● 头顶宽度为长度的3倍或更多;
- 头连复眼的宽度等于或大于前胸背板的宽度;　　● 触角鞭节不再分节;
- 前胸背板短,后缘平直;　　● 中胸盾片短,阔三角形;
- 翅平铺,不呈屋脊状;　　● 翅在端部不加宽或略加宽;　　● 后翅和前翅一样宽或者更宽。

❶ 美丽的绿色**颜蜡蝉** *Eurybrachys* sp. 种类,前翅带有1个眼睛状的斑纹,非常特别。

璐蜡蝉科 Lophopidae

- 体中小型;
- 头连复眼通常明显比前胸背板狭窄;
- 触角鞭节不分节;
- 前胸背板短阔,后缘平直;
- 中胸盾片短阔,有3条脊线;
- 前、中足胫节常扁而扩张;
- 后足胫节末端加粗;
- 前翅革质;
- 前翅前缘基部强烈弯曲,端缘阔圆形或平截,使翅形略呈长方形;
- 后翅膜质,翅脉简单;
- 停息时,前翅放置略呈屋脊状,形似卷蛾。

❷ 奇异的**尖头璐蜡蝉** *Bisma longicephala*,头部向前延伸,前翅端部呈尖角状。

瓢蜡蝉科 Issidae

- 体中小型;
- 体近圆形且前翅隆起, 有的外形似瓢虫;
- 头和前胸背板一样宽或更宽;
- 触角小, 不明显, 鞭节不分节;
- 前胸背板短, 前缘圆形突出;
- 中胸盾片短, 通常不及前胸长度的2倍;
- 前足正常, 极少种类呈叶状扩张;
- 后足胫节有2~5个侧刺;
- 前翅一般不长, 偶尔极短, 较厚, 革质或角质, 通常隆起, 有的带有蜡质光泽;
- 前翅前缘基部强度弯曲。

1 **脊额瓢蜡蝉** *Gergithoides carinatifrons*, 体小型, 体卵圆形; 灰褐色, 翅面上有蜡粉。

2 **豆尖头瓢蜡蝉** *Tonga westwoodi*, 整体外观呈翠绿色, 翅面散布黄色小斑点 (倪一农 摄)。

蛾蜡蝉科 Flatidae

- 体中型至大型，体型似蛾；
- 头比前胸窄；
- 单眼2个；
- 翅比体长，静止时呈屋脊状，有的则平置于腹背上；
- 前翅宽大，近三角形；
- 前翅前缘区多横脉，臀区脉纹上有颗粒；
- 后翅宽大，横脉少，翅脉不呈网状；
- 成虫和若虫均喜群居。

❶ 彩蛾蜡蝉 *Cerynia maria*，前翅有3条黑线较易与其他种类区分，吸食植物汁液。

菱蜡蝉科 Cixiidae

- 体小型；   - 体略扁平；
- 头部短，不向前凸出；
- 单眼3个，有的种类无中单眼；
- 前胸宽阔，后缘凹入；
- 中胸盾片很大，菱形，常有3条或5条脊线；
- 翅膜质，静止时翅合拢呈屋脊状；
- 成虫善跳，受到惊扰后迅速跳开。

❷ 斑帛菱蜡蝉 *Borysthenes maculatus*，前翅灰白色，半透明，散布有许多不规则的大型褐斑。

❸ 小型美丽的**菱蜡蝉**，体橙红色，翅透明并带有黑色的翅痣。

象蜡蝉科 Dictyopharidae

- 体多为中型; ● 头多明显延长呈锥状或圆柱状; ● 复眼圆球形;
- 触角小; ● 单眼2个,位于复眼前方或下方; ● 无中单眼;
- 中胸盾片三角形,少有菱形; ● 前翅狭长,有明显翅痣,端部脉纹网状;
- 后翅大或小,短翅型种类没有后翅; ● 足细长,有些种类前足腿节和胫节宽扁,呈叶状;
- 大多数种类成虫和若虫都喜欢生活在潮湿的草地和灌丛中; ● 植食性,多吸食草本植物汁液。

❹ 瘤鼻象蜡蝉 *Saigona gibbosa*,为长相非常奇特的种类,头突比腹部稍短,中部有3对瘤状突起,端部呈棒槌形。翅透明,前后翅脉均为深褐色。

袖蜡蝉科 Derbidae

- 体小型至中型; ● 体柔软;
- 头通常小且极狭窄,比前胸背板狭窄;
- 没有突出呈明显的头部突起;
- 复眼很大,占头部很大部分,但有的也极度退化,
  侧单眼突出,位于头的侧区、复眼的前方;
- 触角小,柄节圆柱形;
- 胸部通常狭窄; ● 前胸背板一般短;
- 中胸盾片较大,无明显的脊线;
- 足细,常很长;
- 前翅大小中间差异很大,很多为长翅型,有的前
  翅超过腹部,有的甚至长过腹部数倍;
- 后翅有的跟前翅一样大,但多数退化并且脉纹简
  单; ● 腹部通常较小。

❷ 波纹长袖蜡蝉 *Zoraida kuwayanaae*,前翅狭长,褐色半透明,有黑褐色斑,近前缘端部的部分脉红色。

扁蜡蝉科 Tropiduchidae

- 体中小型;　　● 体多扁平;
- 头比前胸背板狭窄, 常突出, 突出短, 三角形或钝圆形, 偶尔为细长的圆柱形;
- 复眼近球形;　　● 触角不显著;　　● 1对单眼小, 通常生在复眼前, 触角上方;
- 前胸背板短, 有3条脊线;　　● 中胸盾片大, 四方形, 也有3条脊线;　　● 翅透明;
- 前翅大, 一般透明或半透明, 主脉简单;　　● 前翅无明显的翅痣;　　● 后翅脉纹简单。

❶ 海南扁蜡蝉 *Paricanoides orientalis*, 体中型, 头前方圆弧形; 翅透明, 端部带有黑斑。

❶

①

颖蜡蝉科 Achilidae

- 体中型；
- 体扁平；
- 休息时前翅后半部分左右互相重叠；
- 头通常较小，狭而短，一般不及胸部宽度的1/2；
- 复眼通常较大；
- 触角小；
- 成对的侧单眼位于头的侧区、复眼的前方；
- 中胸背板大或很大，菱形，有3条脊线，前缘强度向前突出；
- 前翅通常很宽大，基部2/3明显加厚，与端部1/3明显不同。

① **颖蜡蝉**，体中型，静止时翅略呈弧形平铺在身体上，左右前翅有部分重叠。

②

娜蜡蝉科 Nogodinidae

- 体小型至中型； - 头连复眼约和前胸背板等宽；
- 触角小； - 前胸背板短阔，前缘有时突出在复眼的前缘；
- 中胸盾片大，长过其最大宽度，有3条脊线；
- 翅透明或半透明，翅脉网状； - 前翅大，通常略向端部加宽。

② **莹娜蜡蝉** *Indogaetulia* sp.，头部额长大于宽，有3条纵脊；体蜡黄色，翅透明，翅脉黑色，翅痣黑色明显。

沫蝉科 Cercopidae

- 体小型至中型；
- 头部变化较大，常比前胸背板狭；
- 触角短，刚毛状，位于复眼前方；
- 单眼2个，位于头冠；
- 前胸背板大，平或明显隆起；
- 小盾片长于或等于前胸背板；
- 后足胫节有1~2个侧刺，末端有1~2个端刺；
- 因若虫常埋藏于泡沫中而得名；
- 泡沫是由若虫腹部第七至第八腹节表皮腺分泌的黏液从肛门排出时混合空气而形成的；
- 生活在树上、灌木丛或草丛中，善跳跃。

1 **疣胸沫蝉** *Phymatostetha rengma*，为大型沫蝉，橘红色，带有蓝黑色斑纹，是非常漂亮的种类。

2 **四斑象沫蝉** *Philagra quadrimaculata*，体中型，头冠延长，上翘，呈象鼻状；体色常为灰色、褐色。

巢沫蝉科 Machaerotidae

- 头比前胸狭窄；
- 颜面强度隆起；
- 小盾片末端尖锐或有1个弯曲的强刺；
- 前翅端部膜质；
- 若虫在木本双子叶植物上建石灰质的巢管，自身浸泡在管内清澈的分泌液中。

① 棘蝉 *Machaerota* sp.，体小型，外观与角蝉近似，但与角蝉科的前胸背板形成的突起不同，为较少见的珍奇种类。吸食灌木，若虫在植物上做1个石灰质的管状巢，分泌液体并躲藏其中。

角蝉科 Membracidae

- 体小型至中型，体长2~20 mm；
- 形状奇特，一般黑色或褐色，少数色彩艳丽；
- 头顶通常向上突起；
- 复眼大，突出；
- 单眼2个，位于复眼之间；
- 触角短，鬃状；
- 前胸背板特别发达，向后延伸形成后突起，盖住小盾片，腹部一部分或全部常有背突、前突或侧突；
- 若虫背上常长满刺，分泌蜜露，常有蚂蚁共生。

② 云南屈角蝉 *Anchon yunnanensis*，体小型，角状突起较为奇特，前部1对角状突起呈长耳状，略张开；后部角状突起向上伸直，在最高处呈直角弯曲向后，形成1个尖刺，并超过腹部末端。

蝉科 Cicadidae

- 体中型至大型, 有些种类体长超过50 mm;
- 触角短, 刚毛状或鬓状, 自头前方伸出;
- 单眼3个, 呈三角形排列;
- 前后翅均为膜翅, 常透明, 翅脉发达;
- 后翅小;
- 翅合拢时屋脊状放置;
- 前足腿节发达, 常具齿或刺;
- 跗节3节;
- 雄虫第一腹节腹面有发达的发音器;
- 雌虫第一腹节腹面有发达的听器;
- 雌虫产卵器发达;
- 成虫生活于植物的地上部分, 产卵于嫩枝内;
- 若虫地下生活, 吸食植物根部汁液;
- 雄虫具有极强的发音能力, 鸣声通常很大。

1 **蟪蛄** *Platypleura kaempferi*, 体中型, 灰褐色, 体表有黄色细绒毛; 头胸部有绿色斑纹, 翅面上带有黑白花纹。

2 **薄翅蝉** *Rihana ochracea*, 体翠绿色, 翅有完全透明感, 翅脉黑色, 夜间有趋光性。

脉翅目

NEUROPTERA

粉蛉褐蛉脉翅目，外缘分叉脉特殊；
咀嚼口器下口式，捕食蚜蚧红蜘蛛。

脉翅目昆虫以丰富的翅脉而得名，中文名字一般都是以"蛉"结尾，属于完全变态昆虫，一生经历卵、幼虫、蛹、成虫4个时期。体小型至大型，形态多样，最小的粉蛉翅展只有3~5 mm，最大的蚁蛉翅展可达155 mm。目前，世界上脉翅目昆虫有17科6 000余种，我国已记录的脉翅目昆虫有14科约650种，常见的有草蛉、褐蛉、粉蛉、蚁蛉、蝶角蛉以及螳蛉。脉翅目昆虫前后翅大小相近，翅脉相似，与蜻蜓类似。其食性复杂，包括捕食、植食以及寄生等，但是绝大多数为捕食性，主要以蚜虫、蚂蚁、叶螨、介壳虫等各种虫卵为食。

成虫飞翔力弱，多数具趋光性。成虫通常将卵产在叶背面或者树皮上。脉翅目幼虫生活环境多样，一般为陆生，部分类群水生(如泽蛉、水蛉)，而溪蛉幼虫一般发现于水边，通常认为其是半水生昆虫。幼虫口器比较特殊，其上颚和下颚延长呈镰刀状，相合形成尖锐的长管，以适于捕获和吮吸猎物体液，故又称为捕吸式口器或双刺吸式口器。

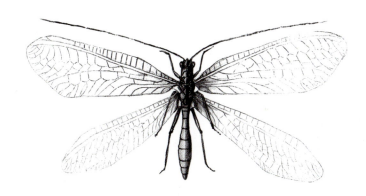

▶ 主要特征

❶ 体壁通常柔弱，生毛或覆盖蜡粉； ❷ 头部一般呈三角形，复眼大，半圆形，具有金属光泽；

❸ 触角形状多样，一般为线状、杆状、棒状以及栉齿状等； ❹ 口器为咀嚼式，上颚通常较发达；

❺ 胸部3节分界明显，前胸矩形，少数延长(如螳蛉)，中、后胸相似； ❻ 足通常细长，跗节5节，一般具爪1对； ❼ 少数种类的前足特化成类似螳螂的捕捉足(如螳蛉、刺鳞蛉)；

❽ 成虫的翅通常膜质，前缘具有颜色明显加深的翅痣； ❾ 前后翅大小相近，但是旌蛉科后翅特化呈长杆状或者矛状； ❿ 成虫静止时通常4个翅折叠在一起，呈屋脊状覆于身体两侧；

⓫ 翅脉发达(除粉蛉外)，形成网状脉纹； ⓬ 成虫腹部细长，一般10节，第一节至第二节以及尾节较宽大； ⓭ 一般不具尾须； ⓮ 雌虫有时形成细长的产卵器。

粉蛉科 Coniopterygidae

- 体小型，体长2~3 mm，翅展3.5~10 mm；
- 体翅均覆盖灰白色蜡粉；
- 翅脉简单，无翅痣。

① **粉蛉**从外观上看明显不同于其他脉翅类昆虫，除了体型微小之外，全身覆盖的蜡粉，使其更像半翅目的粉虱，但狭长的前翅还是可以很方便地加以区分。

草蛉科 Chrysopidae

- 体中型至大型；　　● 身体和翅脉多为绿色，少数种类除外；
- 复眼半球形，突出于头两侧，金黄色；
- 触角细长多节，线状，比翅长稍短或较长；
- 口器上颚发达；　　● 头部多具黑斑；
- 前胸梯形或矩形；　　● 中后胸粗大；
- 足细长；　　● 翅宽大而透明，后翅较窄；
- 翅缘各脉之间无短小缘饰；　　● 卵有细长的丝柄；
- 幼虫称为"蚜狮"，有些种类可以把吸食之后的蚜虫等空壳粘贴在背上作伪装，古书称为"蜕蝼"。

② **草蛉**通常绿色，大多数种类外观近似，从科的角度极易辨别，但从属种的角度就非一般爱好者所能轻易分辨了。

褐蛉科 Hemerobiidae

- 体小型至中型, 翅展在7~15 mm, 最大可达34 mm;
- 体翅黄褐色, 翅多具褐色斑纹;
- 触角长过翅的1/2, 或者约等于翅长, 念珠状;
- 前胸短阔, 两侧多有叶突;
- 中胸粗大, 小盾片大;
- 后胸小盾片小;
- 足细长, 基节长, 胫节有小距, 跗节5节;
- 翅形多样, 卵形或狭长;
- 翅缘各脉之间有短小缘饰, 脉上有大毛。

❶ **脉线蛉** *Neuronema* sp., 是大型的褐蛉, 翅上具黑褐色斑, 较易分辨。

溪蛉科 Osmylidae

- 体中型至大型；
- 翅面多具褐斑；
- 头部有3个单眼；
- 触角线状，为翅长的1/2；
- 前后翅相似，有翅疤和缘饰；
- 幼虫水生，少有陆生于树皮下；
- 部分种类有趋光性。

① 以棕红色为主的**溪蛉**种类，翅面花纹较复杂。

栉角蛉科 Dilaridae

- 体中型，黄褐色，似褐蛉；
- 单眼3个，大而显著；
- 雄虫触角栉状，雌虫触角线状或念珠状；
- 雌虫腹端有细长的针状产卵器弯在背上；
- 前翅宽大卵形，多褐斑组成波状横纹，具明显的翅疤和缘饰；
- 后翅斑纹少，仅在前缘和翅端；
- 腹部短粗；
- 幼虫生活在树皮下，捕食蛀木昆虫。

② **西藏栉角蛉** *Dilar tibetanus* 的雄虫，其触角呈栉状，翅宽大而端部较圆，褐色半透明。

③ **栉角蛉**的雌虫产卵器外露，细长，通常卷曲在腹部背上，有时也拖在腹部末端。

蝶蛉科 Psychopsidae

- 体中型至大型,前翅长10~35 mm;　　　● 头部短小;
- 复眼大,单眼退化或无,常为1对有毛的眼突;
- 触角很短,念珠状;　　● 前胸短且较狭;　　● 中胸背板宽大,有大的小盾片;
- 足短小,跗节5节;　　● 翅很宽大,翅端圆阔,后翅较前翅为窄;
- 翅膜上很多微毛,前缘和纵脉多大毛,翅的正反两面都给人以丝绢感;
- 无翅痣;　　● 腹部较短小;　　● 白天在林间静伏,夜晚活动,有趋光性。

1 **川贵蝶蛉** *Balmes terissinus*,翅宽大,美丽似蝶,翅展约25 mm;触角极短,念珠状。蝶蛉较罕见,成虫具有趋光性。

蚁蛉科 Myrmeleontidae

- 大型健壮种类,前翅长20~40 mm,最大翅展可达150 mm;
- 触角较短,短于前翅长的1/2,端部膨大呈棒状或匙状;
- 头和胸部多有长毛;
- 足多短粗多毛;
- 翅多狭长,脉呈网状;
- 有翅痣;
- 腹部很长;
- 幼虫称为"蚁狮",多在沙土中做漏斗状穴,捕食滑落的昆虫。

2 较小型的**蚁蛉**,翅透明,无斑纹,有白色翅痣。

①

②

蝶角蛉科 Ascalaphidae

- 体大型，极易被误认为是蜻蜓；
- 触角细长，为前翅的1/2，端部突然膨大呈球杆状，像蝴蝶的触角，故得名；
- 头部复眼大而突出；
- 头和胸多密生长毛，足短小多毛；
- 翅脉多，呈网状；
- 有翅痣，翅痣下无狭长的翅室；
- 腹部多狭长，雌虫有的腹部较短；
- 成虫白天在林间飞行、栖息，动作敏捷；
- 部分种类有趋光性。

① **色锯角蝶角蛉** *Acheron trux*，体大型，翅半透明或浅褐色。

螳蛉科 Mantispidae

- 体中型至大型，很像小型的螳螂；
- 前足捕捉式，基节大而长，腿节粗大；
- 前胸很长，数倍于宽；
- 翅两对相似，翅痣长而特殊。

② **瘤螳蛉** *Tuberonotha* sp.，体黄褐色，外形似胡蜂。

广翅目

MEGALOPTERA

鱼蛉泥蛉广翅目，头前口式眼凸出；
四翅宽广无缘叉，幼虫水生具腹突。

广翅目是完全变态类昆虫中的原始类群，目前全世界已知300余种，属于比较小的类群，包括齿蛉和泥蛉两大类群，分布于世界各地。我国种类丰富，已知100余种。

生活史较长，完成一代一般需一年以上，最长可达5年。卵块产于水边石头、树干、叶片等物体上。幼虫孵化后很快落入或爬入水中，常生活在流水的石块下或池塘中及静流的底层。幼虫捕食性；头前口式，口器咀嚼式，上颚发达；腹部两侧成对的气管鳃。蛹为裸蛹，常见于水边的石块下或朽木树皮下。成虫白天停息在水边岩石或植物上，多数种类夜间活动，具趋光性。

广翅目幼虫对水质变化敏感，可作为指示生物用于水质监测。幼虫还可以作为淡水经济鱼类的饵料，并具有一定的药用价值。

▶ 主要特征

❶ 体小型至大型，外形与脉翅目相似；
❷ 头大，多呈方形，前口式；
❸ 口器咀嚼式，部分种类雄虫上颚极长；
❹ 复眼大，半球形；
❺ 翅宽大，膜质、透明或半透明，前后翅形相似，但后翅具发达的臀区；
❻ 脉序复杂，呈网状。

齿蛉科 Corydalidae

- 体中型至大型，通称为齿蛉或鱼蛉；
- 头部有3个单眼；
- 足跗节各节形状相似，均为圆柱状；
- 幼虫体较大，常见于流速较急的石下。

① 东方巨齿蛉 *Acanthacorydalis orientalis*，体大型，上颚极其发达，特别是雄虫，约等于头及前胸的长度。照片中为雌性，上颚约等于头部的长度。

② 阿氏脉齿蛉 *Nevromus aspoeck*，为中型种类，头胸部均为黄色，胸部带有4个黑色斑，翅无色，基本完全透明，前翅部分横脉黑色。

泥蛉科 Sialidae

- 体小型，体长10~15 mm，种类稀少；
- 体多为黑褐色，翅暗灰色；
- 头部无单眼；
- 足跗节第4节分为两瓣状。

③ 古北泥蛉 *Sialis sibirica*，头部为黑色并具黄褐色斑，前胸背板完全黑色，翅浅灰褐色，翅脉深褐色。

蛇蛉目

RAPHIDIOPTERA

头胸延长蛇蛉目，四翅透明翅痣乌；
雌具针状产卵器，幼虫树干捉小蠹。

　　蛇蛉目通称蛇蛉，是昆虫纲中的一个小目。目前，全世界已知230种，以古北区种类居多，在南非和澳大利亚尚未发现；我国已知现生种类30种、化石种类20余种。

　　蛇蛉目昆虫为完全变态。成虫和幼虫均为肉食性。幼虫陆生，主要生活在山区，多为树栖，常在松、柏等松散的树皮下捕食小蠹等林木害虫。蛹为裸蛹，能活动。成虫多发生在森林地带中的草丛、花和树干等处，捕食其他昆虫，是一类天敌昆虫。

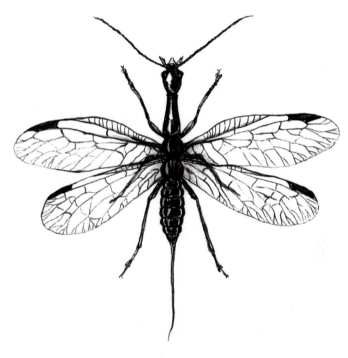

▶ **主要特征**

❶ 体小型至中型，细长，多为褐色或黑色；　　❷ 头长，后部缢缩呈三角形，活动自如；

❸ 触角长，丝状；　　❹ 口器咀嚼式；　　❺ 复眼大，单眼3个或无；

❻ 前胸极度延长，呈颈状；　　❼ 中、后胸短宽；

❽ 前、后翅相似，狭长，膜质、透明，翅脉网状，具翅痣；　　❾ 后翅无明显的臀区，也不折叠；

❿ 腹部10节；　　⓫ 无尾须；　　⓬ 雌虫具发达的细长产卵器。

①

蛇蛉科 Raphidiidae

- 头部有单眼；
- 翅痣内有横脉。

① **戈壁黄痔蛇蛉** *Xanthostigma gobicola*，头部略呈三角形，足黄色，腹部褐色，两侧各具1条淡黄色的纵斑。

盲蛇蛉科 Inocelliidae

- 头部无单眼；
- 翅痣内无横脉。

② **盲蛇蛉** *Inocellia* sp. 的雌虫，头部略呈方形，带有很长的产卵器。

③ **丽盲蛇蛉** *Inocellia elegans*，是唯一一种翅上带有黑斑的蛇蛉目昆虫。

②

③

142 昆虫家谱
便携版

鞘翅目

COLEOPTERA

硬壳甲虫鞘翅目，前翅角质背上覆；
触角十一咀嚼口，幼虫寡足或无足。

　　鞘翅目通称甲虫，是昆虫纲乃至动物界种类最多、分布最广的第一大目，占昆虫种类的40%左右。在分类系统上，各学者见解不一，一般将鞘翅目分为2~4个亚目、20~22个总科。目前，全世界已知35万种以上，中国已知约10 000种。

　　鞘翅目昆虫为全变态。一生经过卵、幼虫、蛹、成虫4个虫态。卵多为圆形或圆球形。产卵方式多样，雌虫产卵于土表、土下、洞隙中或植物上。幼虫多为寡足型或无足型，一般为3龄或4龄，少数种类为6龄，如芫菁科部分种类；蛹为弱颚离蛹。很多种类的成虫具假死性，受惊扰时足迅速收拢，伏地不动，或从寄主上突然坠地。有的类群具有拟态。

　　成虫、幼虫的食性复杂，有腐食性、粪食性、尸食性、植食性、捕食性和寄生性等。

▶ 主要特征

❶ 体小型至大型；
❷ 体壁坚硬；
❸ 头壳坚硬，前口式或下口式；
❹ 口器咀嚼式；
❺ 复眼常发达，有的退化或消失；
❻ 常无单眼；
❼ 触角多样，为丝状、棒状、锯齿状、栉齿状、念珠状、鳃叶状或膝状等；
❽ 前胸发达，能活动；
❾ 中、后胸愈合，中胸小盾片三角形，常露出鞘翅基部之间；
❿ 前翅坚硬、角质化，为鞘翅，静止时常在背中央相遇呈一直线；
⓫ 后翅膜质；
⓬ 足常为步行足，因功能不同，形态上常发生相应的变化，
⓭ 雌虫腹部末端数节变细而延长，形成可伸缩的伪产卵器，产卵时伸出。

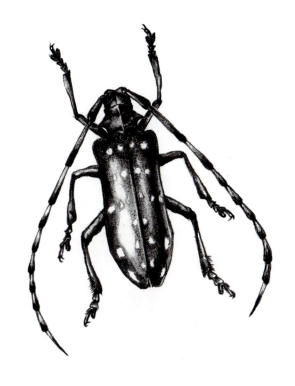

步甲科 Carabidae

- 体长1~60 mm;
- 体色以黑色为多,部分类群色泽鲜艳;
- 头稍窄于前胸背板;
- 唇基窄于触角基部;
- 触角11节,丝状;
- 鞘翅一般隆凸,表面多具刻点行或瘤突;
- 后翅一般发达,土栖种类的后翅退化,随之带来的是左右鞘翅愈合;
- 足多细长,适于行走,部分类群前、中足演化成适宜挖掘的特征;
- 跗节5-5-5式。

① **金斑虎甲** *Cosmodela aurulenta*,属虎甲亚科Cicindelinae,头和前胸背板大多为铜色至金绿色,鞘翅大多为深蓝色,每鞘翅各具4个白斑。栖息于溪流或湖泊附近的细沙地上。

② **树栖虎甲** *Neocollyris* sp.,属虎甲亚科,体型狭长,个体略小,鞘翅绿色具金色光泽。栖息于草上或低矮灌木上,善于飞翔。

③ **疤步甲** *Carabus pustuleifer*,属步甲亚科Carabinae,多数标本全体深蓝色或鞘翅略带绿色光泽,但湖北、贵州、重庆、四川东北部的个体颜色鲜艳,前胸背板及头部红色,鞘翅绿色;鞘翅具3行巨大瘤突,大瘤突行之间有成行的细小瘤突。

步甲科 Carabidae

1 印步甲中华亚种 *Paropisthius indicus chinensis*，属心步甲亚科，鞘翅上刻点明显，易于识别。

2 蝼步甲 *Scarites* sp.，属蝼步甲亚科Scaritinae，黑色，上颚极大并前伸，前足挖掘式，胫节宽扁。

3 青步甲 *Chlaenius* sp.，属畸颚步甲亚科Licininae，头、前胸背板绿色，带紫铜色光泽；鞘翅墨绿或黑色，带绿色光泽。夜间活动，有趋光性。

4 屁步甲 *Pheropsophus* sp.，属气步甲亚科Brachininae，头顶有黑斑，倒三角形；前胸背板前后缘黑色，鞘翅黑色，中部具黄色横斑。栖息于水边或潮湿地方的石头下，受惊吓时喷出高温烟雾。

步甲科 Carabidae

❶ 凹唇步甲 *Catascopus* sp.，属壶步甲亚科 Lebiinae，体背绿色带紫铜色光泽，复眼半球形相当突出，鞘翅末端凹弧。栖息于倒木表面，行动敏捷，捕食其他昆虫。

❷ 五斑棒角甲 *Platyrhopalus davidis*，属棒角甲亚科Paussinae，形状十分奇特，棕褐色，鞘翅黑色，中央具X形斑纹；触角2节，圆片形。在石块下面，与蚂蚁共栖。

条脊甲科 Rhysodidae

- 体小型，体长4~8 mm；
- 体多为黑色；
- 头部、前胸背板、鞘翅表面均具深沟，使沟间的脊显发达；
- 触角粗短，念珠状；
- 前胸腹板在前足基节间宽大，超过部分膨大；
- 后胸腹板在后足基节前无横缝。

❸ 雕条脊甲 *Omoglymmius* sp.，为小型奇特的甲虫，体深棕褐色；体表坚硬，头部三角形，复眼小，触角念珠状，鞘翅两侧平行，具深条沟。多见于潮湿的热带亚热带地区，栖息于朽木的木质部。

沼梭甲科 Haliplidae

- 体长3~5 mm；
- 体多为淡黄色具黑色斑纹；
- 头小；　　　● 复眼发达；
- 触角短，11节，光滑无毛；
- 前胸背板基部约与鞘翅基等宽，端部收狭；
- 鞘翅两侧呈流线形，与前胸背板共同形成椭圆形，表面隆凸；
- 前、中足接近，基节球状；
- 后足长，基节膨大成片状，覆盖于腹部前3节，有的可盖及全腹；
- 足上有毛，善游泳。

❹ 沼梭甲 *Peltodytes* sp.，为小型水生昆虫，身体梭状，流线形，鞘翅密布刻点，有趋光性。

龙虱科 Dytiscidae

- 体长1.3~45 mm;
- 体色多为黑色;
- 体背、腹面均隆凸,体形流线形;
- 头小,部分隐藏于前胸背板下;
- 触角11节,多数超过前胸背板;
- 足较短,后足远离前中足;
- 跗节扁平具游泳毛;
- 雄虫前足跗节膨大,形成抱握足,用分泌出的黏性物质抱住雌虫。

❶ **黄条斑龙虱** Hydaticus bowringii,体卵圆形,背面隆起,鞘翅黑色,近翅缘处具2条黄色纵带,纵带平行。

豉甲科 Gyrinidae

- 体长4~17 mm;
- 体色多为黑色、蓝黑色或绿色;
- 头部约与前胸背板前缘等宽;
- 触角短,不及前胸背板前缘,第二节膨大,端部数节成粗棒状;
- 复眼分上、下2个;
- 前胸背板与鞘翅侧缘形成流线形;
- 前足最长,与中足远离,中后足相近,极短,扁形。

❷ **大豉甲** Dineutus mellyi,体背面光滑,有光泽,中央青铜黑色,两侧深蓝色。多在静水地带的水面打转,于水面捕食猎物。

隐翅虫科 Staphylinidae

- 体长0.5~50 mm，多数种类1~20 mm；
- 多为狭长形，但有时也可能为长圆形或近卵圆形；
- 强烈隆凸至平扁，体表光滑或被直立或卧毛；
- 触角多为丝状，有时向端部逐渐扩粗，少数情况形成明显端锤，着生点多露出；
- 鞘翅一般极短，平截，露出3节或更多腹节背板，个别种类完整或只露出1节或2节；
- 跗节多为5-5-5式，有时为2-2-2式或3-3-3式，或者为不同的异跗节式；
- 腹部一般可以背腹弯曲运动；
- 有6节或7节可见腹板，前1个或2个腹节背板膜质。

① **蓝束毛隐翅虫** *Dianous* sp.，体全金属蓝色，鞘翅带虹彩光泽。

② **筒隐翅虫亚科** Osoriinae，体扁平，前胸和鞘翅略呈方形，在树皮下生活。

③ **尖腹隐翅虫亚科** Tachyporinae 的一种隐翅虫。

④ **毒隐翅虫** *Paederus* sp.，属毒隐翅虫亚科 Paederinae，体色鲜艳，大部分为橙红色，鞘翅为深蓝色略带金属光泽；体长形，头大，颈部细，腹部末端尖。捕食小型节肢动物，多活动于水域附近地面，具趋光性，体液具毒素，能引起隐翅虫皮炎。

⑤ **硕出尾蕈甲** *Scaphidium grande*，属出尾蕈甲亚科Scaphidiinae，体梭形，侧面观较厚，出尾蕈甲与多数隐翅虫体形差异较大，鞘翅覆盖腹部大部；头部小，复眼略突出，触角细长，端部5节略膨大；前胸背板梯形，基部最宽；鞘翅中部较宽，末端平截。成虫及幼虫均取食真菌。

蚁甲科 Pselaphidae

- 体长0.5~5.5 mm，多数种类1~2.5 mm；
- 狭长，稍凸起或平扁；
- 通常前胸背板窄于鞘翅或腹部；
- 体多为红色或红棕色；
- 触角向端部逐渐膨大，或有一个1~5节组成的端锤；
- 跗节多为3-3-3式，有时2-2-2式；
- 鞘翅较短，大部分腹部裸露，但与隐翅虫不同，蚁甲腹部无法自由活动，且比头部要宽阔。

① 小型棕色**蚁甲**，生活于树皮下。

埋葬甲科 Silphidae

- 体长7~45 mm；
- 体卵圆或较长，平扁；
- 通常背面光滑；
- 触角末端3节组成的端锤表面绒毛状，第九节和第十节有时梳状，有时触角膝状；
- 小盾片很大；
- 鞘翅有时平截，露出1个或2个腹节背板。

② **滨尸葬甲** Necrodes littoralis，体长形，略扁平；黑色，触角末端3节黄色；鞘翅较柔软，方形，后端略宽，具3条平行的脊。腐食性，成虫有趋光性。

③ **尼覆葬甲** Nicrophorus nepalensis，复眼突出，触角11节，锤状；前胸背板宽大，盾形；鞘翅长方形，末端平截，露出腹节背板，鞘翅前后部各具波浪状橙色斑纹。以动物尸体为食，有趋光性，常有螨类附着在身体上，属共生现象。

水龟虫科 Hydrophilidae

- 体长0.9~40 mm；
- 体卵圆形，背面隆凸；
- 腹面平扁，背面一般光滑无毛；
- 腹面多有拒水毛被，形成气盾；
- 头顶多有"Y"形缝；
- 触角7~9节，末端3节锤状，较长，并不紧密收缩；
- 鞘翅刻点成行排列或线状，大多9行或10行；
- 成虫和幼虫均为水生；
- 有较强趋光性。

❶ 尖突水龟虫 *Hydrophilus* sp.，是一种国内大部分地区常见并且个体较大的水生昆虫，有较强的趋光性。

阎甲科 Histeridae

- 体长0.5~20 mm；　● 体卵形到长圆形，强烈隆凸，个别属狭长或极平扁；
- 体表无毛；　● 体色为黑色或金属色，少数红色或双色；
- 头部通常向后深缩在前胸背板中；
- 触角略呈膝状，几乎总是10节或11节，由3节组成的端锤缩合在一起，有时端锤的3节合生为一体；
- 上颚前突，有时颏扩大，将下颚遮盖起来；
- 鞘翅平截，体后尾露出1个或2个腹节，刻点为6行或较少；
- 前足胫节外侧具齿。

❷ 黑阎甲 *Hister* sp.，体黑色，具光泽；体卵形，背面略隆起；上颚较长，左右不对称；头小，通常缩在前胸背板中；鞘翅末端平截，露出腹部背板。生活在牲畜粪中，捕食蝇蛆。

锹甲科 Lucanidae

- 锹甲是鳃角类中一个独特类群，因其触角端部3~6节向一侧延伸而归入鳃角类，又以其触角肘状，上颚发达（特别是雄虫），多呈鹿角状而区别于其他各科；
- 体中型至特大型，多大型种类；
- 体长椭圆形或卵圆形，背腹颇扁圆；
- 体多为棕褐色、黑褐色至黑色，或有棕红色、黄褐色等色斑，有些种类有金属光泽，通常体表不被毛；
- 头前口式；
- 性二态现象十分显著，雄虫头部大，接近前胸之大小，上颚异常发达，多呈鹿角状，同种雄性个体也因发育程度不同，大小、形态差异甚为显著；
- 复眼通常不大；
- 触角肘状10节，鳃片部3~6节，多数为3~4节，呈栉状；
- 前胸背板横大于长；
- 小盾片发达显著；
- 鞘翅发达，盖住腹端；
- 跗节5节，爪成对简单。

① **褐黄前锹甲** *Prosopocoilus astacoides*，两性体色都呈黄褐色或红褐色，雄虫体形细长，个体较大，大颚发达，头部近前缘有1对角状突起，易于识别。白天常见于流汁树上，成虫有明显趋光性。

② 雌性**褐黄前锹甲**。

黑蜣科 Passalidae

- 体较狭长扁圆，鞘翅背面常较平，全体黑而亮；
- 头背面多凹凸不平，有多个突起，上唇显著；
- 前胸背板大；
- 小盾片不见；
- 头部前口式；
- 触角10节，常弯曲不呈肘形，末端3~6节栉形；
- 鞘翅有明显纵沟线，腹部背面全为鞘翅覆盖。

① **黑蜣** *Aceraius grandis*，体亮黑色，触角鳃片状，体略扁；前胸背板与鞘翅分界明显，鞘翅具有明显条沟。幼虫取食朽木，成虫常在朽木上发现。

①

粪金龟科 Geotrupidae

- 体中型至大型；　　● 体多为椭圆形、卵圆形或半球形；
- 体色多为黑色、黑褐色或黄褐色，不少种类有蓝、紫、青、绛等金属光泽，或有黄褐色、红褐色等斑纹；
- 头大，前口式；　　● 唇基大，上唇横阔，上颚大而突出，背面可见；
- 触角11节，鳃片部3节；　　● 前胸背板大而横阔；　　● 小盾片发达；　　● 鞘翅多有深显纵沟纹；
- 体腹面多毛；　　● 前足胫节扁大，外缘多齿至锯齿形；　　● 跗节通常较弱，爪成对简单；
- 有些属性二态现象显著，其雄体之头面、前胸背板有发达角突及横脊状突。

① **华武粪金龟** *Enoplotrupes sinensis*，体亮黑色带蓝绿色，或蓝色或紫色金属光泽；头部具一突起向后弯曲的角，前胸背板具向前突生的两角。取食粪便。

驼金龟科 Hybosoridae

- 体颇扁薄，长卵圆形，背面隆拱；
- 头前口式，上唇外露，上颚弯曲，背面可见；
- 触角10节，鳃片部3节；
- 前胸背板阔大，两侧常扩延成敞边；
- 小盾片显著；
- 前足胫节外缘锯齿形；
- 各足有成对爪。

② **暗驼金龟** *Phaeochrous* sp.，体暗红褐色，具光泽。肉食性的金龟子，常成群取食地面上的昆虫尸体。

金龟科 Scarabaeidae

- 体小型至大型;
- 头通常较小;
- 触角不很长,端部3~8节向前延伸呈栉状或鳃片状;
- 前口式,口器发达;
- 前胸背板大,通常宽大于长;
- 多数种类有小盾片,少数没有;
- 后翅通常发达,善于飞行。

1 **蜉金龟亚科** Aphodiinae,体小型到中型,以小型者居多,常略呈半圆筒形;体多为褐色至黑色,也有赤褐色或淡黄褐色等,鞘翅颜色变化较多;头前口式,唇基十分发达。为粪食、腐食性类群。

2 **蜣螂亚科** Scarabaeinae,体小型至大型,卵圆形至椭圆形,体躯厚实;多为黑色、黑褐色到褐色,或有斑纹,少数属种有金属光泽。成虫常在夜间活动,亦多有白天闻粪而动者,有趋光性。照片为中国最大的象粪蜣螂Heliocopris dominus。

3 **双叉犀金龟** Allomyrina dichotoma,属犀金龟亚科Dynastinae,俗称独角仙,是著名的观赏昆虫。雄虫头上面有一个强大双叉角突,分叉部缓缓向后上方弯曲。幼虫栖息于腐殖土内,成虫为灯光吸引。

金龟科 Scarabaeidae

① **格彩臂金龟** *Cheirotonus gestroi*，属臂金龟亚科Euchirinae，体极大型，长约60 mm；前胸背板铜色，鞘翅黑褐色，有许多不规则的小黄斑。雄虫前足胫节极度延长，用作交配时控制住雌虫。

② **异丽金龟** *Anomala chamaeleon*，属丽金龟亚科Rutelinae，体中型，卵圆形；体色变异大，常见金属绿色；前胸背板后缘无边，鞘翅具明显脊，脊间鞘翅布细密颗粒。幼虫取食腐殖质，成虫白天访花。

③ **淡色牙丽金龟** *Kibakoganea dohertyi*，属丽金龟亚科，上颚细长，弧形，非常突出；红色并有深褐色线条。

金龟科 Scarabaeidae

1 **云斑鳃金龟** *Polyphylla* sp.，属鳃金龟亚科Melolonthinae，体色为栗色或黑褐色，体表被由乳白色鳞片组成的云状花纹。雄虫触角7节，十分宽长，向外弯曲。幼虫取食腐殖质，成虫趋光。

2 **单爪鳃金龟** *Hoplia* sp.，属鳃金龟亚科，全身绿色，无光泽，足较长，爪不等长。

3 **小青花金龟** *Oxycetonia jucunda*，属花金龟亚科Cetoniinae，为常见的中小型金龟子。鞘翅前阔后狭，飞行时前翅并不张开，后翅从前翅侧缘的弧形凹槽中伸出，与其他金龟子区别明显。食性杂，喜访花。

4 **黄粉鹿花金龟** *Dicronocephalus wallichii*，属花金龟亚科，体中大型。雄虫唇基发达，呈鹿角状，雌虫不发达。成虫取食嫩竹。

绒毛金龟科 Glaphyridae

- 体较狭长、多毛，多有金属光泽；
- 头面、前胸背板无突起；
- 头前口式，唇基基部狭于额，上唇、上颚发达外露，背面可见；
- 触角10节，鳃片部3节光裸少毛；
- 前胸背板狭于翅基；
- 小盾片舌形；
- 鞘翅狭长；
- 体腹面密被具毛刻点；
- 足较细长，爪成对简单。

❶ 绒毛金龟 *Amphicoma* sp.，体中型，狭长，多毛。幼虫取食朽木，成虫常在朽木上被发现。

吉丁虫科 Buprestidae

- 体长1.5~60 mm；
- 头部较小向下弯折；
- 触角11节，多为短锯齿状；
- 前胸与体后相接紧密，不可活动；
- 鞘翅长，到端部逐渐收狭；
- 足细长；
- 跗节5-5-5式，第四节双叶状；
- 成虫喜阳光，白天活动；
- 幼虫在树木中钻孔为害，属钻蛀性昆虫。

❷ 云南脊吉丁 *Chalcophora yunnana*，体黑褐色或铜褐色，前胸背板及鞘翅上具突起发亮的脊纹，脊纹之间的区域被满灰白色的鳞毛；前胸背板具5条纵脊纹，鞘翅具8条纵脊纹。

扁泥甲科 Psephenidae

- 体长1.5～6 mm；
- 体卵圆形，黑色或黑褐色，体背密布短绒毛；
- 头部下弯；
- 触角细长，稍具锯齿状；
- 前胸背板基部宽，端部窄；
- 幼虫蚜虫形，头足等藏于腹下，附着在水中石块上。

❶ 粗扁泥甲 *Cophaesthetus* sp.，为小型甲虫，体卵圆形，棕褐色，触角雄虫栉状，雌虫丝状，此为雄虫。

毛泥甲科 Ptilodactylidae

- 体长4～6 mm；　　● 体色黑色、黄褐色等；
- 体背具密集的绒毛；
- 头部较突出；　　● 复眼发达；
- 触角11节，稍带锯齿状，长度一般达鞘翅中部；
- 前胸背板近半圆形；
- 鞘翅长，具纵刻线；
- 跗节5-5-5式，第三节双叶状，第四节较小。

❷ 毛泥甲科昆虫多数体形类似叩甲，但头部强烈向下弯曲，藏于前胸背板之下；体壁较为柔软，体表被短绒毛；触角较长，栉状，雄虫尤其明显。成虫栖息于山中流水附近的植物之上，幼虫水生。

掣爪泥甲科 Eulichadidae

- 本科原为毛泥甲科一部分，所以大多数特征相同或相近；
- 本科种类前足基节横形；
- 有发达的掣爪片。

❸ 掣爪泥甲 *Eulichas* sp.，体灰褐色至黑褐色，鞘翅表面通常带有灰白色毛被形成的花纹；体长形，头较小，鞘翅长，末端渐尖。掣爪泥甲通常被误认为叩甲，但可通过前胸腹板与中胸腹板之间无榫状结构的叩器，且体形不似叩甲扁平、紧凑而易区别。幼虫水生，发现于溪流中的落叶之中；成虫栖息于水边，有趋光性。

溪泥甲科 Elmidae

- 体长2～15 mm;
- 体色为黑色或亮黄色;
- 体表具刻点或突起颗粒并伴有细纤毛;
- 头下弯;
- 触角11节, 丝状或球杆状;
- 前胸背板变化较大, 具中纵沟或亚侧脊或平隆;
- 鞘翅通常有8个刻点列;
- 足长, 中后足基节远离, 跗节5-5-5式。

① **溪泥甲** 为小型水生甲虫, 长形。

缩头甲科 Chelonariidae

- 体长5～6 mm, 体高度紧凑, 椭圆形;
- 头部向下弯曲, 从背面看不到;
- 触角11节, 略呈锯齿状;
- 触角和足收缩时, 嵌入腹面的凹陷中;
- 跗节5-5-5式。

② **缩头甲** *Chelonarium* sp., 体深褐色, 鞘翅具白色毛; 卵圆形, 强烈隆起; 头小, 可弯折于前胸背板之下的凹槽内, 于背面不可见。

叩甲科 Elateridae

- 体小型至大型，多狭长，较原始类群体多大型，壮硕；
- 体色多灰暗，体表多被细毛或鳞片状毛，组成不同的花斑或条纹，也有体色艳丽、光亮无毛的；
- 头形多为前口式，深嵌入前胸；
- 触角着生靠近复眼，11~12节，锯齿状、丝状、栉齿状，有的雌雄异形，雄虫锯齿状，雌虫栉齿状、梳齿状；
- 前胸背板向后倾斜，与中胸连接不紧密，其后角尖锐；
- 前胸腹板前缘具半圆形叶片向前突出，腹后突尖锐，插入中胸腹板的凹窝中，形成弹跳和叩头关节；
- 足较短，活动自如；
- 跗节5-5-5式。

❶ 叩甲科 的种类，多数都是棕黑色，长椭圆形。

萤科 Lampyridae

- 体长4~18 mm；
- 体扁，多为黑色、红褐色或褐色；
- 头隐于前胸背板下；
- 复眼发达；
- 触角11节，丝状、栉状等；
- 前胸背板多为半圆形；
- 跗节5-5-5式；
- 鞘翅扁宽，盖及腹端，翅面多具脊线；
- 雌虫多缺翅；
- 腹部可见7~8节，末端2节（雄）或1节（雌），可以发光；
- 成、幼虫均捕食性，一般多发生在水边和温暖潮湿的地方。

❷ 窗萤 *Pyrocoelia* sp.，雌雄异形，雄虫头黑色，完全被橙黄色的前胸背板覆盖，前胸背板前缘有1对月牙形透明斑；触角黑色，锯齿状，鞘翅黑色。

❸ 曲翅萤 *Pteroptyx* sp.，为小型萤火虫，头黑色，胸及鞘翅橙黄色，鞘翅末端黑色。

红萤科 Lycidae

- 体长3~20 mm;　　● 体扁形, 两侧平行;
- 体红色, 也有黄色、黑色等色;
- 头下弯;　　● 复眼突出;
- 触角11节, 丝状、锯齿状、栉状、羽状等;
- 前胸背板三角形, 多有发达的凹洼和隆脊所形成的网络;
- 鞘翅细长, 具发达的纵脊和刻点形成的网纹;
- 跗节5-5-5式;
- 腹部可见7~8节, 不发光;
- 成虫白天活动, 常见于植物叶面、花间等;
- 幼虫生活于树皮下或土壤中;
- 成、幼虫均为捕食性。

1 **赤喙红萤** *Lycostomus* sp., 暗红色为主, 前胸背板带有黑色斑纹。

花萤科 Cantharidae

- 体长4~20 mm;　　● 体蓝色、黑色、黄色等;　　● 头方形或长方形;
- 触角11节, 丝状, 少数锯齿状或端部加粗;　　● 前胸背板多为方形, 少数半圆或椭圆形;
- 鞘翅软, 有长翅和短翅两种类型;　　● 足发达, 跗节5-5-5式;　　● 成、幼虫均捕食性。

2 **糙翅钩花萤** *Lycocerus asperipennis*, 头黑色, 额部橙色, 前胸背板橙色, 具1个倒三角形大黑斑, 鞘翅黑色。

皮蠹科 Dermestidae

- 体长1~8 mm；
- 体卵圆形或长椭圆形；
- 体红褐色或黑褐色，被鳞片及细绒毛；
- 头下弯，复眼突出；
- 绝大多数种类具中单眼；
- 触角10~11节，棒状或球杆状；
- 前胸背板侧部具凹槽可纳入触角；
- 鞘翅常由不同颜色的毛和鳞片组成斑纹；
- 跗节5-5-5式；
- 部分种类为仓库害虫，为害皮毛、毛织品、标本、粮食等仓储物。

❶ 斑皮蠹 *Trogoderma* sp.，体长圆形，较拱隆；体黑色，前胸背板及头密被灰白色鳞毛，鞘翅具由灰白色鳞毛组成的3条带状条纹；触角棒状部分4~5节，末节十分宽扁；前胸背板梯形，后缘中央突出；鞘翅较短，末端渐窄。幼虫为害动物性储藏物（林义祥 摄）。

郭公虫科 Cleridae

- 体小型至中型；
- 长形，体表具竖毛；
- 体色黑红色、绿色等，并具金属光泽；
- 头大，三角形或长形；
- 触角11节，多为棍棒状，少数为锯齿状或栉齿状；
- 前胸背板多数长大于宽，表面隆突具凹洼；
- 鞘翅两侧平行，表面毛长且密；
- 跗节5-5-5式，1~4节双叶状；
- 成、幼虫多为捕食性，部分类群为重要的仓库害虫。

❷ 郭公亚科 *Clerinae* 的种类，体红黑相间，属于标准的郭公虫体形。

①

细花萤科 Prionoceridae

- 体中型,体长5~20 mm;
- 体柔软,多少扁平;
- 鞘翅通常为黄色或橙色并混有黑色,部分种类金属蓝色或绿色;
- 跗节5-5-5式;
- 外观与拟天牛科和花萤科的种类相近。

① **细花萤** 细长而柔弱,头部前端橙色,自复眼前缘开始蓝黑色,前胸背板橙色,鞘翅蓝黑色。

拟花萤科 Melyridae

- 体小柔软,蓝绿色、黑褐色或黄色;
- 体背面多具长竖毛;
- 触角10~11节、丝状、锯齿状或扇状;
- 前胸背板多近方形;
- 鞘翅刻点明显,但不具任何脊,多数盖及腹端,个别有稍短者;
- 足较细长,跗节端部第二节多为双叶状;
- 成、幼虫多为捕食性,成虫常发现于花间,也有些为害禾本科植物。

❷

② **囊花萤** *Malachius* sp.,体较扁,体壁柔软;头三角形,复眼突出,触角丝状,到达前胸基部;前胸背板方形,表面凹陷,后角圆;鞘翅长方形。成虫早春出现,访花。

蛛甲科 Ptinidae

- 体微小型或小型,体长2~5 mm,外形似蜘蛛;
- 头部及前胸背板较其他部分狭;
- 触角丝状或念珠状,11节,生于复眼之前方,其基部相互接近;
- 前胸无侧缘,明显狭于鞘翅;
- 鞘翅圆形,隆起,翅端盖住腹端;
- 后足腿节端部通常膨大,后足胫节常弯曲;
- 跗节5-5-5式;
- 部分种类为仓库害虫,发现于各类储藏室及仓库,朽木、鸟巢等中也可发现。

❶ **拟裸蛛甲** *Gibbium aequinoctiale*,体棕红色有强烈光泽,体背强烈隆起呈球形;头小且下垂,触角丝状,11节,约等于体长。见于室内,主要为害粮食类储藏物。成虫行动迟缓,有假死习性。广泛分布于热带亚热带地区。

❶

长蠹科 Bostrychidae

- 体长3~20 mm;
- 体表强烈骨化,黑色或黑褐色;
- 头被前胸腹板遮盖;
- 触角8~10节,端部3~4节呈棒状;
- 前胸背板端部隆凸,如帽子形状,表面多有颗粒突起;
- 鞘翅端部有翅坡和刺突;
- 跗节5-5-5式,第一节极小;
- 成虫钻蛀木材和竹子,幼虫也在木、竹中蛀食,为害粮食、书籍、电缆铅皮等。

❷ **长蠹**多为小型甲虫,体黑色,触角短,末端膨大。

②

筒蠹科 Lymexylidae

- 体细长, 圆形、柔软;
- 头小, 复眼极为发达;
- 触角11节, 锯齿状、丝状或纺锤形;
- 前胸背板长大于宽, 方形;
- 鞘翅分为长翅和短翅形, 长翅形可盖住腹端, 短翅形其鞘翅约与前胸背板等长, 后翅发达, 但不及腹端, 也不折叠;
- 跗节5-5-5式, 等于或长于胫节;
- 成、幼虫均菌食性, 幼虫可入坚木, 为害木材。

❶ 筒蠹也是一类非常容易识别、长相奇特的甲虫, 成虫有趋光性及较强的飞行能力。

锯谷盗科 Silvanidae

- 体长1.5~5 mm;
- 体长形或卵圆形;
- 头明显, 三角形或半圆形;
- 触角11节, 端部3节呈棒状;
- 前胸背板长形, 少有卵圆形者, 基部窄于鞘翅;
- 鞘翅长, 盖及腹部;
- 跗节一般5-5-5式, 少数雄虫为5-5-4式;
- 成虫常见于树皮下或蛀木蠹虫虫道中, 仓库、竹器等物品中。

❷ 锯谷盗 *Oryzaephilus surinamensis*, 体黄褐色, 长形, 扁平; 触角念珠状, 前胸背板两侧具6枚大锯齿, 背面具3条纵脊。为重要仓储害虫, 为害粮食等储藏物 (林义祥 摄)。

❸ 齿缘扁甲 *Uleiota* sp., 体小型, 棕红色, 触角长。生活于树皮下。

①

露尾甲科　Nitidulidae

- 体长1~7 mm；
- 体宽扁，黑色或褐色；
- 头显露，上颚宽，强烈弯曲；
- 触角短，11节，柄节及端部3节膨大，中间各节较细；
- 前胸背板宽大于长；
- 鞘翅宽大，表面有纤毛和刻点行，臀板外露或末端2~3节背板外露；
- 前足胫节外侧具锯齿突起；
- 跗节5-5-5式，第三节双叶状，第四节很小，第五节较长；
- 成、幼虫均食腐败植物组织、花粉、花蜜等，常见于腐烂物、松散的树皮及潮湿处。

① **扁露尾甲** *Soronia* sp.，体棕褐色，鞘翅颜色略深；体椭圆形，十分扁平，体背稀疏被毛。常见于树干上，取食树干伤口流出的发酵汁液。

②

扁甲科　Cucujidae

- 体长6~25 mm；
- 体长形，极扁，多为黑色、红色或褐色；
- 头大，三角形；
- 复眼较小；
- 触角11节，丝状、棒状或念珠状；
- 前胸背板两侧较圆，常具锯齿状突起；
- 跗节5-5-5式、5-5-4式或4-4-4式；
- 一般生活于树皮下或仓库中，少数有捕食习性。

② 大型黑色**扁甲** *Cucujus* sp.，体扁平，生活于树皮下。

大蕈甲科 Erotylidae

- 体长3~25 mm；
- 体长形；
- 头部显著，复眼发达；
- 触角11节，端部3节膨大呈棒状；
- 前胸背板长宽近似相等；
- 鞘翅达及腹端，翅面多具刻点纵行；
- 跗节5-5-5式，第四节较小；
- 成、幼虫均菌食性，常见于真菌体、土壤及植物组织中。

❶ 四拟叩甲 *Tetralanguria* sp.，属拟叩甲亚科 Languriinae，体蓝黑色，前胸背板橙红色，具黑色斑纹；触角较粗，端部4节强烈膨大，形成明显宽扁的端锤。

❷ 蓝斑蕈甲 *Episcapha* sp.，鞘翅上的锯齿状斑纹为亮蓝色，死后斑纹变为浅黄绿色。取食真菌，有时藏匿于树皮之下。

瓢虫科 Coccinellidae

- 体长0.8~16 mm;
- 体多为卵圆形,个别为长形,体色多样;
- 头部多被背板覆盖,仅部分外露;
- 触角11节,可减少至7节,锤状、短棒状等;
- 前胸背板横宽窄于鞘翅,表面隆凸;
- 鞘翅盖及腹端;
- 足腿节一般不外露;
- 跗节4-4-4式(隐4节),第二节多为双叶状,第三节小,位于其间,有些类群跗节为3-3-3式或4-4-4式(第三节并不缩小)。

❶ 异色瓢虫 *Harmonia axyridis*,属瓢虫亚科 Coccinellinae,浅色前胸背板上有M形黑斑;鞘翅上色斑常变化,近末端七、八节处有一明显的横脊痕。取食多种蚜虫、蚧虫、木虱等。

❷ 马铃薯瓢虫 *Henosepilachna vigintioctomaculata*,属食植瓢虫亚科Epilachninae,体近卵形或心形,背面强烈拱起;被毛,每一鞘翅有14个斑。常见于路旁灌草丛、农田、菜地等处。

1

伪瓢虫科 Endomychidae

- 体长1~8 mm；
- 体椭圆，隆凸；
- 头小，大部分位于前胸背板下；
- 触角11节，端部3节膨大呈棒状；
- 前胸背板近半圆形，前角突出，侧缘具折边；
- 鞘翅两侧及端部圆弧形，表面具刻点行及长竖毛；
- 跗节4-4-4式，第二节双叶状，第三节小，位于其间。

❶ **六斑辛伪瓢虫** *Sinocymbachus excisipes*，是一种较为常见的伪瓢虫，其棒状触角十分明显，特征突出。

2

蜡斑甲科 Helotidae

- 中等大小；
- 体扁平，长椭圆形；
- 头小，复眼较为突出；
- 触角10~11节，端部3~4节呈球杆状；
- 前胸背板基部宽阔，后角突出；
- 鞘翅具黄色蜡斑；
- 跗节5-5-5式；
- 成虫常栖于树上，取食树液。

❷ **蜡斑甲** *Neohelota* sp.，体紫铜色具金属光泽，部分区域带绿色光泽，鞘翅具成行细刻点并具4个蜡黄色圆斑。多见于较高阔叶植物的花和细枝干上，也见于草丛中。

拟步甲科 Tenebrionidae

- 体小型至大型，长2~35 mm；
- 体壁坚硬；
- 体形变化极大，有扁平形、圆筒形、长圆形、琵琶形等；
- 体色有黑色、棕色、绿色、紫色等，温带以单一黑色者最普遍，热带者则富有各种金属光泽，有些还有红色或白色斑纹，或白色鳞片（毛）；
- 头部通常卵形，前口式至下口式，较前胸为小；
- 触角生于头侧下前方，丝状、棍棒状、念珠状、锯齿状和饱茎状等，通常11节，稀见10节者；
- 复眼通常小而突出；
- 前唇基明显；
- 前胸背板较头宽，形状多变；
- 足细长；
- 跗节通常5-5-4式，稀见5-4-4式或4-4-4式，第一节总是长过第二节，无分裂的叶状节；
- 鞘翅完整，末端圆，有些有明显翅尾；
- 鞘翅侧缘下折部分拥抱腹部一部分；
- 翅面光滑，有条纹或毛带、有瘤突或脊突；
- 有些荒漠种类的鞘翅完全或部分地愈合。

❶ **黄角缘伪叶甲** *Schevodera gracilicornis*，成群聚在一起，取食树上落下来的花朵。

❷ 朽木中生活的**齿甲** *Uloma* sp.。

❸ **瘤翅窄亮轴甲** *Morphostenophanes papillatus* 的雌虫，属于毒甲族Toxicini。

❹ 雄性的**食覃甲** *Boletoxenus* sp.，前胸背板具2个向前伸出的突起，生活在朽木的树皮下。

拟步甲科 Tenebrionidae

❶ **朽木甲** *Cteniopinus* sp.，体鲜黄色，触角、各足腿节末端、胫节、跗节黑色。成虫栖息于植物上。

❷ **树甲** *Strongylium* sp.，体瘦长，最宽处在鞘翅基部，足十分细长；体黑色，略具铜色金属光泽；复眼较大，触角细长，为体长的1/2。成虫见于朽木或树干上，幼虫蛀木。

❸ **呆舌甲** *Derispia* sp.，体长约3 mm，圆形，十分拱隆；足及触角通常缩在身下；体黄褐色，鞘翅为黄色，具大型黑色斑块。这类拟步甲体形和瓢虫十分接近，但触角为丝状，栖息于枯枝条或树皮上，菌食性。

幽甲科 Zopheridae

- 体长1.2~35 mm；
- 身体极为坚硬；
- 体暗黑色或深褐色；
- 体扁平，两侧平行，或长椭圆形，或宽卵形；
- 触角10~11节，念珠状或棒状；
- 表面刻点很深，有的有突出的结，有些种类具柔软的短毛或鳞片；
- 跗节5-5-4式或4-4-4式。

❹ **坚甲亚科** Colydiinae 的种类，鞘翅上具成列的毛簇，发现于枯树皮之下。

长朽木甲科 Melandryidae

- 体长而隆起；
- 体长3~20 mm；
- 头部强烈倾斜；
- 触角11节，稀见10节，丝状或略粗，或锯齿状；
- 眼小，横卵形；
- 前胸背板与鞘翅基部等宽；
- 跗节5-5-4式，第一节长，倒数第二节常常扩大和凹缘；
- 小盾片多变，三角形或卵形；
- 鞘翅完整，端圆，有或无条纹；
- 具后翅；
- 成、幼虫见于干燥朽木中、落叶树皮下、干菌内或花中；有些幼虫肉食性，其他植食性。

① **黄斑长朽木甲** *Dircaeomorpha* sp.，体形接近叩甲，黑色，鞘翅具2组黄色锯齿状斑纹。幼虫蛀食朽木，成虫有趋光性（寒枫 摄）。

三栉牛科 Trictenotomidae

- 大型甲虫，外观似天牛或锹甲；
- 头前口式，上颚强大，向前突出；
- 触角生于眼之前方近上颚基部，11节，先端3节向内侧膨大，呈短栉齿形或锯齿形；
- 眼幅广，前缘弯曲；
- 前胸侧缘略有尖齿状突起；
- 前胸背板基部稍狭于鞘翅；
- 幼虫与天牛幼虫相似，居于枯木内。

② 雄性的**威氏王三栉牛** *Autocrates vitalisi*，非常巨大的种类，上颚大型，向上弯曲，非常威武。

花蚤科 Mordellidae

- 体长1.5~15 mm;
- 头大，卵形，部分缩入前胸内，和前胸背板等宽，眼后方收缩;
- 触角11节，丝状，末端略粗或锯齿状;
- 眼侧置，较发达，小眼面中等，卵形;
- 前胸背板小，前面窄，与鞘翅基部等宽，形状不规则;
- 后足很长; ● 跗节5-5-4式; ● 翅长;
- 身体光滑和流线形，有驼峰状的背，端部尖。

❶ 带花蚤 *Glipa* sp.，体壁为黑色，表面具由灰白色、金黄色绒毛组成的花纹;鞘翅具灰白色波浪状条带，前胸背板呈金黄色;体流线形，背面凸起，头部半圆形，腹部末端延长。成虫见于花上。

芫菁科 Meloidae

- 体长3~30 mm; ● 体柔软，大多数种长形; ● 颜色多变，有时具鲜明的金属色彩;
- 头下口式，比前胸背板大; ● 复眼大，左右离开;
- 触角11节，通常丝状或念珠状，有时雄虫中间的节变粗;
- 前胸背板比鞘翅基部窄; ● 足长，跗节5-5-4式; ● 鞘翅完整或变短，有时极度分离;
- 遇惊吓时常从腿节分泌黄色液体，含有强烈斑蝥素，能侵蚀皮肤，使之变红，形成水泡。

❷ 豆芫菁 *Epicauta* sp.，体黑色，头部橙红色，鞘翅黑色;体壁柔软，无长毛。成虫有时大量聚集，主要取食豆科植物。

❸ 地胆芫菁 *Meloe* sp.，体深蓝色至黑色，具金属光泽;体壁柔软，无毛;腹部通常十分膨大，鞘翅短，仅盖住腹部部分，后翅退化;雌虫触角念珠状，雄虫触角与雌虫相同或在中部5~7节特化。成虫偶见于地面。

拟天牛科 Oedemeridae

- 体长5~20 mm, 中等大小, 背面略扁;
- 头小并倾斜, 比前胸窄, 常长大于宽;
- 触角11节, 多丝状;
- 眼大, 卵形;
- 跗节5-5-4式;
- 鞘翅完整, 宽于前胸背板基部, 顶端圆;
- 成虫访花。

① **多异双距拟天牛** *Diplectrus variicollis* 分布于西藏墨脱。

蚁形甲科 Anthicidae

- 体小如蚁, 1.6~15 mm;
- 头大而下垂, 在眼后方强烈收缩;
- 触角11节;
- 前胸背板与头部近等大, 窄于鞘翅, 长卵形;
- 跗节5-5-4式;
- 鞘翅完整;
- 栖息于潮湿处, 常见于地面和植物上, 善速爬。

② **黑蚁形甲** *Formicomus* sp., 体全为黑色, 体形和蚂蚁很类似, 头部大而圆, 复眼较小, 前胸背板长圆形, 鞘翅卵圆形, 被白色细毛。

赤翅甲科 Pyrochroidae

- 中等大小, 长5~15 mm;
- 体近乎扁平, 多为赤色或暗色;
- 头部突出, 近方形, 向前伸出;
- 触角11节, 从丝状到棒状;
- 前胸背板比鞘翅窄; • 足长;
- 跗节5-5-4式, 端跗节2叶状;
- 见于朽木寄生菌上。

③ **赤翅甲** *Pseudopyrochroa* sp., 头黑色, 前胸背板、鞘翅大红色, 鞘翅被细绒毛。赤翅甲与红萤易混淆, 但前者头于眼后形成变窄的颈部, 前胸基部明显窄于鞘翅。幼虫生活于朽木树皮下, 捕食其他昆虫。

天牛科 Cerambycidae

- 体小型至大型，4~65 mm；
- 体长形，颜色多样；
- 头突出，前口式或下口式；
- 复眼发达，多为肾形，呈上、下两叶；
- 触角通常11节，少数较多，甚至可达30节，丝状为主；
- 前胸背板多具侧刺突或侧瘤突，盘区隆凸或具皱纹；
- 鞘翅多细长，盖住腹部，但一些类群鞘翅短小，腹部大部分裸露；
- 足细长；
- 植物的钻蛀性害虫。

1 毛角天牛 *Aegolipton marginale*，属锯天牛亚科Prioninae。

2 膜花天牛 *Necydalis* sp.，属膜花天牛亚科Necydalinae，前翅短，后翅发达，非常活跃的种类，飞行时很像蜂类。

3 赤梗天牛 *Arhopalus unicolor*，属椎天牛亚科Spondylidinae，体较狭窄，赤褐色，体被灰黄色短绒毛（寒枫 摄）。

4 蚤瘦花天牛 *Strangalia fortunei*，属花天牛亚科Lepturinae，体橙黄色，复眼及触角黑色；鞘翅基部棕褐色，其余部分黑色（倪一农 摄）。

天牛科 Cerambycidae

① **红角皱胸天牛** *Neoplocaederus ruficornis*，属天牛亚科Cerambycinae，体灰黑色，具细的绒毛，触角和足红色。

② **虎天牛族** Clytini，属天牛亚科Cerambycinae，行动敏捷，善飞。

③ **白条天牛** *Batocera rubus*，属沟胫天牛亚科Lamiinae，体黄褐色，前胸背板有2个红色斑纹，鞘翅上具白色斑。

距甲科 Megalopodidae

- 体长6~10 mm;
- 触角11节, 锯齿状;
- 鞘翅长形, 基部明显较前胸背板为宽;
- 后足腿节粗大, 胫节明显弯曲;
- 成虫喜食嫩茎, 幼虫钻蛀或潜叶。

❶ **丽距甲** *Poecilomorpha pretiosa*, 体长方形, 全身被毛, 后足腿节膨大; 头、前胸、体腹面和足黄色, 鞘翅蓝紫具金属光泽, 触角及跗节黑色(任川 摄)。

负泥虫科 Crioceridae

- 中等大小, 体长形;　　● 头部具明显的头颈部;　　● 复眼发达;
- 触角11节, 丝状、棒状、锯齿状或栉状;　　● 前胸背板长大于宽;
- 鞘翅长形, 盖及腹端, 基节明显宽于前胸;　　● 足较长, 后足腿节粗大, 胫节弯曲;
- 除水叶甲亚科成虫为水生或半水生外, 其余陆生;
- 成虫多食叶, 幼虫具有蛀茎、食叶、食根等不同习性。

❷ **红颈负泥虫** 属负泥虫亚科Criocerinae, 头部及前胸背板红色, 鞘翅蓝黑色。

❸ **长角水叶甲** *Sominella* sp., 属水叶甲亚科Donaciinae, 铜绿色, 雄性后足腿节发达。

❹ **耀茎甲紫红亚种** *Sagra fulgida minuta*, 属茎甲亚科Sagrinae, 鞘翅紫红色或紫铜色, 刻点较粗密, 点间多皱。

叶甲科 Chrysomelidae

- 体长1~17 mm，长形；　● 头部外露，多为亚前口式；　● 复眼突出；
- 触角多为11节，丝状、锯齿状，很少栉状；　● 前胸背板多横宽；
- 鞘翅一般盖住腹部；　● 足较长，腿节粗，跳甲亚科腿节十分膨大，善跳；
- 跗节四节，第四节极小；　● 成虫鞘翅一般盖及腹端，后翅发达，有一定飞翔能力；
- 成、幼虫均为植食性，取食植物的根、茎、叶、花等。

1 **斑角拟守瓜** *Paridea angulicollis*，属萤叶甲亚科Galerucinae，前胸背板有时呈橘黄色，触角褐色，整个鞘翅具3个黑斑。

2 **叶甲亚科** Chrysomelinae 的种类，头部及前胸背板橙色，鞘翅黑色，带有金属光色。

3 **跳甲亚科** Alticinae 的小型种类，全身深蓝色，具强烈金属反光；后足跳跃足，行动十分敏捷。

4 **绿豆象** *Callosobruchus chinensis*，属豆象亚科Bruchinae，体色变化较大，通常背面红褐色，鞘翅具一些横向白纹；头小，鞘翅方形。为著名的仓储害虫，为害绿豆等多种储藏物。

肖叶甲科　Eumolpidae

- 多具鲜艳的金属光泽，体表光滑；
- 头顶部分嵌入前胸；
- 复眼椭圆形或肾形；
- 触角一般11节，丝状、锯齿状或端节膨阔；
- 鞘翅一般覆盖整个腹部；
- 跗节5节，第四节很小，不易看见，第三节分为2叶；
- 植食性的类群。

① **肖叶甲亚科**的种类，全身深蓝色，具强烈的金属反光。

② 交配中的**瘤叶甲** *Chlamisus* sp.，小型种类，卵圆形，形如鳞翅目粪便颗粒。

铁甲科　Hispidae

- 体长3~20 mm；　● 体椭圆形或长形；　● 头后口式，口器在腹面可见；
- 触角多为11节，一般丝状；　● 前胸背板形状多样，有方形、半圆形等，还有的两侧及背面具枝刺；
- 鞘翅有长形、椭圆形，侧、后缘有各种锯齿，翅面有瘤突或枝刺；
- 成、幼虫均为植食性，幼虫分潜生和露生两类。

③ **平脊甲** *Downesia* sp.，属潜甲亚科Anisoderinae，体细长，橙黄色。

④ **掌铁甲** *Platypria* sp.，属铁甲亚科Hisplinae，全身蓝黑色，前胸背板和鞘翅侧面具刺状突起，鞘翅背面具刺。

⑤ **甘薯蜡龟甲** *Laccoptera quadrimaculata*，属龟甲亚科Cassidinae，体近三角形，蜡黄色至棕褐色，是一种重要的甘薯害虫。

三锥象科 Brentidae

- 体长4~50 mm；
- 体长形，两侧平行；
- 头及喙细长，前伸，约与前胸等长；
- 触角短，9~11节，丝状，部分类群端部稍加粗；
- 前胸长形，无侧缘，常较鞘翅为窄；
- 鞘翅盖及腹端；
- 足较粗；
- 跗节4-4-4式。

❶ **宽喙锥象** *Baryrhynchus poweri*，体红棕色，鞘翅棕黑色具鲜黄色斑纹；雄性喙短宽，上颚发达，雌虫喙细长；图为雌虫。栖息于阔叶树枯木的树皮下，夜晚具趋光性。

❷ **毛纹梨象** *Trichoconapion hirticorne* 是极小型的甲虫，属梨象亚科Apioninae，蓝黑色。

蚁象科 Cyladidae

- 体长5~8 mm，狭长；
- 体表亮黑色，部分种类具有两种颜色（如黑色、红色）；
- 喙长通常大于宽2倍；
- 触角着生于喙中部；
- 眼后方头部延长并加宽，复眼完全位于头侧面；
- 鞘翅狭长，基部几乎与前胸背板基部等宽；
- 足腿节膨大。

❸ **甘薯蚁象** *Cylas formicarius.*，体小型，头、前胸背板前端黑色，前胸背板大部、足橙红色，鞘翅深蓝色；体形特拱隆，形似蚂蚁，为重要的甘薯类害虫。

卷象科 Attelabidae

- 体长1.5~8 mm；
- 体长形，体背不覆鳞片；
- 体色鲜艳具光泽；
- 头及喙前伸；
- 触角不呈膝状；
- 前胸明显窄于鞘翅，端部收狭，两侧较圆；
- 鞘翅宽短，两侧平行，盖及腹端；
- 前足基节大，强烈隆突；
- 各足腿节膨大，胫节弯曲；
- 跗节5-5-5式，第三节双叶状，第四节小，位于其间。

① **圆斑卷象** *Paroplapoderus* sp.，体橙红色和黄色相间的漂亮春象。

长角象科 Anthribidae

- 体长2~15 mm；
- 头部喙宽短或长扁；
- 短型触角末端3节棒状，长度不超过前胸背板，长型触角丝状，一般超过体长；
- 前胸背板基部宽，端部窄；
- 跗节5-5-5式，第三节双叶状，第四节小型，位于第三节基部；
- 成虫食叶，幼虫多栖于木质部或危害种子、果实。

② **凹唇长角象** *Apolecta* sp.，触角大约为身体长度的2.5倍。

③ 小型树干上生活的**长角象**，身体短小，头部平截；体色棕黄色，接近树干的颜色。活动敏捷，行为接近某些蜡蝉或叶蝉种类，喜欢跟人"躲猫猫"。

象甲科 Curculionidae

- 体长1~60 mm，长形，体表多被鳞片；
- 头及喙延长，弯曲；
- 喙的中间及端部之间具触角沟；
- 触角11节，膝状，分柄节、索节和棒3部分；
- 胸部较鞘翅窄，两侧较圆；
- 鞘翅长，端部具翅坡，多盖及腹端；
- 跗节5-5-5式，第三节双叶状，第四节小，位于其间。

❶ 小型美丽的**茶丽纹象** *Myllocerinus aurolineatus*，体蓝黑色，带有黄色的条状斑。

❷ **竹笋三星象** *Otidognathus* sp. 取食刚刚出土的嫩竹，黄色，前胸背板具3个黑色斑点。

❸ **实象** *Curculio* sp.，体黑色，体表具灰白色鳞毛形成的花纹；体卵圆形，头部小而圆。雌虫喙细长而弯曲，触角位于喙的中部；雄虫喙较短粗，触角接近喙的端部。幼虫蛀食壳斗科的多种植物以及榛、油茶等植物的坚果，雌虫用细长的喙在坚果上打孔产卵。

❹ **小蠹**多为小型黑色甲虫，属小蠹亚科Scolytinae，多发现于树干等处。

捻翅目

STREPSIPTERA

寄生昆虫捻翅目，雌无角眼缺翅足；
雄虫前翅平衡棒，后胸极大形特殊。

捻翅目统称捻翅虫或蝎，属寄生性微型昆虫，体小型，雌雄异型。全世界已知种类约370种，我国记载有13种。

捻翅目昆虫为全变态，营自由生活或内寄生生活，多寄生于直翅目、半翅目、膜翅目等昆虫体内。雄虫有一对后翅，前翅则演化为伪平衡棒，触角呈齿状。雌虫则终生为幼态，通常寄生于叶蝉、飞虱等体内且终生不离寄主。雌虫在寄主体内产卵，幼虫孵出后钻出寄主体外寻找新寄主。雄虫羽化后不取食，生命短促，飞行觅偶，与寄主体内的雌虫交配。雌虫头胸部扁平而硬化，从寄主腹部钻出暴露体外，自其头、胸部之间处与雄虫交配受精。

▶ 主要特征

雄虫：

❶ 体长1.5~4.0 mm；
❷ 头宽；
❸ 复眼大而突出，无单眼；
❹ 口器退化，咀嚼式；
❺ 触角4~7节，形状多变异，常自第三节起呈扇状和分枝状；
❻ 胸部长，以后胸最大；
❼ 足无转节，跗节2~4节，多无爪；
❽ 前翅退化呈棒状，称伪平衡棒；
❾ 后翅宽大，扇状；
❿ 腹部10节；
⓫ 无尾须。

雌虫：

❶ 色淡，大部膜质而柔软；
❷ 无翅，蛆形；
❸ 多数种类无足；
❹ 终生在寄主体内营内寄生，形状常不规则；
❺ 头小，常与胸部愈合；
❻ 触角、复眼及单眼均消失；
❼ 口器退化；
❽ 腹部膜质、袋状、分节不明显；
❾ 少数自由生活的雌虫体节分明，有触角、复眼和3对足，形状像臭虫。

栉蝙科 Halictophagidae

❶ **栉蝙科** *Halictophagidae* 捻翅虫的雄虫。栉蝙科的寄主通常是叶蝉、沫蝉、角蝉和蜡蝉等半翅目头喙亚目昆虫。

蜂蝙科 Stylopidae

❷ **蜂蝙科** *Stylopidae* 捻翅虫的雌虫，无翅无足，寄生在地蜂科Andrenidae昆虫的腹部。照片中可以看到从地蜂腹部节间露出的捻翅虫雌虫头胸部（刘明生 摄）。

双翅目

DIPTERA

蚊蠓虻蝇双翅目，后翅平衡五节跗；
口器刺吸或舐吸，幼虫无足头有无。

双翅目包括蚊、蝇、蠓、蚋、虻等，分为长角亚目、短角亚目和环裂亚目，共75科。它们适应性强，个体和种类的数量多，全球性分布。目前，全世界已知12万种，中国已知5 000余种。

双翅目昆虫为全变态。生活周期短，年发生数代，部分种类生活周期最少10天，多到1年，少数种类需2年才能完成一代。绝大多数两性繁殖，多数为卵生，也有卵胎生，少数孤雌生殖或幼体生殖。幼虫大部分为陆栖，少部分为水栖，多生活于淡水中。蛹为离蛹、被蛹或围蛹。成虫极善飞翔，是昆虫中飞行最敏捷的类群之一，常白天活动，少数种类黄昏或夜间活动。

双翅目昆虫不少种类是传播细菌、寄生虫等病原体的媒介昆虫；部分种类幼虫蛀食根、茎、叶、花、果实、种子或引起虫瘿，是重要的农林害虫；部分种类幼虫取食腐败的有机质，在降解有机质中起重要作用；有些幼虫具捕食性，如食蚜蝇取食蚜虫；有些幼虫寄生在其他昆虫体内，是重要的寄生性天敌。

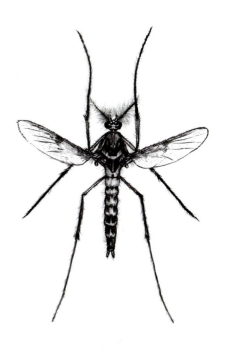

▶ 主要特征

❶ 体小型至中型，极少超过25 mm；
❷ 下口式；
❸ 复眼大，常占头的大部，单眼2个(如蠓)、3个（如蝇科）或缺(如蚋科)；
❹ 触角差异很大，丝状、短角状或具芒状；
❺ 口器刺吸式、舐吸式或刮舐式，下唇端部膨大成1对唇瓣，某些种类口器退化；
❻ 中胸发达，前、后胸极度退化；
❼ 前翅膜质，翅脉相对简单；
❽ 后翅特化为平衡棒。

大蚊科 Tipulidae

- 体小型至大型；
- 头端部延伸成喙；
- 口器位于喙的末端，较短小；
- 复眼通常明显，无单眼；
- 触角长丝状，有时呈锯齿状或栉状；
- 中胸背板有"∨"形的盾间缝；
- 足很细长；
- 翅狭长，基部较窄，脉多；
- 腹部长，雄性端部一般明显膨大，雌性末端较尖；
- 成虫飞翔一般较慢，基本不取食。

❶ **短柄大蚊** *Nephrotoma* sp.，体橘黄色，中胸背板具黑色或褐色带状斑，腹部有时也有横纹。

沼大蚊科 Limoniidae

- 体小型至中型，个别种类为大型；
- 喙短，无鼻突；
- 触角14～16节；
- 大多数种类幼虫取食腐植质、藻类等，少数种类为捕食性。

❷ **裸沼大蚊** *Gymnastes* sp.，体蓝色和黑色相间，翅透明并具3条黑色宽横带，全透明处并有蓝紫色金属光泽。成虫通常喜欢停留于中低海拔的林缘地带。

摇蚊科 Chironomidae

- 体微小型至中型,脆弱;
- 体不具鳞片;
- 复眼发达;
- 雄触角鞭节长,各节具若干轮状排列的长毛,雌触角短,无轮毛;
- 口器退化;
- 翅狭长,覆于背上时常不达腹端;
- 足细长,前足常明显长于中足和后足,并常举起摆动;
- 有婚飞习性,雄成虫成群在清晨或黄昏群飞,吸引雌虫入群交配;
- 有强烈趋光性;
- 幼虫水生。

1 **摇蚊**通常身体弱小,雌虫触角丝状。

2 **摇蚊**的雄虫,触角为环毛状。

蠓科 Ceratopogonidae

- 体微小型至中型;
- 体色多样,可有鲜明的色斑;
- 体不具鳞片;
- 复眼发达,无单眼;
- 雄触角鞭节长,各节具若干轮状排列的长毛,雌触角短,无轮毛;
- 翅狭长,覆于背上时常不达腹端;
- 足细长,前足常明显长于中足和后足,并常举起摆动;
- 有婚飞习性,雄成虫成群在清晨或黄昏群飞,吸引雌虫入群交配;
- 有强烈趋光性;
- 幼虫水生。

3 现代科学研究认为,蚊虫类是利用特殊感应器来寻找猎物的。雌蚊对二氧化碳、体温及汗水十分敏感,所以它们能在一定的距离内寻找恒温的哺乳类和鸟类来叮咬。图中,这群俗称小咬的**蠓科**昆虫正在吸食蛾类翅膀中的体液,这种现象是十分罕见的。

蚊科 Culicidae

- 成虫翅脉以及头、胸及其附肢和腹部（除按蚊亚科外）都具鳞片；
- 口器长喙状，由下唇包围的6根长针状构造；
- 部分种类是最重要的疟疾等虫媒病毒病的传播媒介。

❶ 伊蚊 *Aedes* sp.，是一种中小型黑色蚊种，有银白色斑纹。多数种类是凶猛的刺叮吸血者，有些则是黄热病、登革热等虫媒病毒病的传播者，少数种类是丝虫病的媒介。

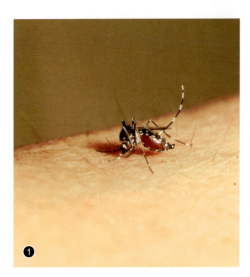

网蚊科 Blephariceridae

- 体中小型、细长而精美；
- 复眼大而特殊，每个复眼分成上、下两半；
- 触角较短，鞭节12节左右；
- 胸部膨隆；
- 足细长；
- 翅长而宽，臀角突出；
- 翅脉明显，有不显著的网状褶纹；
- 腹部长而略扁；
- 成虫多在山区流水附近；
- 幼虫水生，吸附在山区溪流中的岩石上，形态奇特。

❷ 网蚊最常见的栖息动作就是六足抓紧叶片，身体悬挂在树叶下方。

蛾蠓科 Psychodidae

- 体微小型至小型,多毛或鳞毛;
- 头部小而略扁;
- 复眼左右远离;
- 触角长,与头胸约等长或更长,轮生长毛;
- 胸部粗大而背面隆凸;
- 翅常呈梭形;
- 翅缘和脉上密生细毛,少数还有鳞片;
- 幼虫多为腐食性或粪食性,生活在朽木烂草及土中,有些生活在下水道中。

❶ 室内常见的**蛾蠓**,幼虫生活在下水道中。

褶蚊科 Ptychopteridae

- 体中型,细长;
- 头较小;
- 复眼大而远离;
- 触角长;
- 胸部粗壮而隆凸;
- 足细长;
- 翅面有明显的纵褶;
- 平衡棒在基部另有一小的棒状附属物,称为前平衡棒;
- 腹部细长,向端部渐粗大;
- 幼期水生或半水生,栖息在湿泥或土中。

❷ **褶蚊** *Ptychopthera* sp.,中型细长的种类,成虫体形似大蚊,成虫发生期4—10月;幼虫水生或半水生,栖息在富含腐殖质的静水或缓流的岸边的湿泥土中。

❸ **幻褶蚊** *Bittacomorphella* sp.,从外观上看,非常接近纤细的大蚊种类,最突出的特点是足的跗节白色且略显膨大、细长。幼虫水生或半水生,成虫在溪流边的草丛中随风低飞,可以明显感觉到其伸展的6足白色的跗节不停地漂移,故称"幻影褶蚊"。

毛蚊科 Bibionidae

- 体小型至较大型；　　● 触角多短小；　　● 体粗壮多毛，两性常异型；　　● 雄虫头部较圆，复眼大而紧接；
- 雌虫则头较长，复眼小而远离；　　● 单眼3个，同在一瘤突上；
- 触角的鞭节7~10节，常比头部要短；　　● 胸部粗大而背面隆凸；　　● 翅发达，透明或色暗；
- 成虫白昼活动，早春就出现；　　● 幼虫多为腐食性。

1 交配中的**红腹毛蚊** *Bibio rufiventris*，雄虫身体黑色，雌虫红色。春季发生，水边常见。

瘿蚊科 Cecidomyiidae

- 体微小型至小型，身体纤弱；
- 复眼发达，可延至头背面；
- 触角细长，念珠状；
- 翅较宽，通常膜质透明；
- 少数种类翅退化或完全无翅；
- 足细长，易断；
- 飞翔能力不强，多在幼虫生活的场所栖息；
- 幼虫习性多样，可分为菌食性、植食性和捕食性3类。

2 雪白的**瘿蚊**种类，小而美丽。

菌蚊科 Mycetophilidae

- 体小型，常侧扁；
- 头部复眼，但左右远离；
- 触角多为16节；
- 胸部粗壮，膨隆或侧扁；
- 足多细长；
- 翅发达，个别雌虫退化；
- 翅脉上有毛；
- 腹部大多中部最粗，雄虫外生殖器显著；
- 多生活在湿润区域，如河流边缘、洞穴中、树根茎等处。

❶ 部分**菌蚊**有趋光性，可在灯下见到。

扁角菌蚊科 Keroplatidae

- 头顶端比胸前端低；
- 复眼很大，常呈肾形；
- 触角多数为14节，长度可以由比头略长到体长的4~5倍；
- 翅通常多为长椭圆形，大致与腹长相当；
- 翅脉清晰，有时翅上有不同形状的色斑；
- 足通常较长；
- 生活在温暖潮湿的林地周围，有些生活在洞穴内。

❷ **长角菌蚊** *Macrocera* sp.，触角细，远长于体长；胸部有3条黑色纵纹；足细长。多见于潮湿林地，成虫可在树叶及花瓣上停留，栖息时翅展开，约与身体呈45°角。

眼蕈蚊科 Sciaridae

- 复眼背面尖突,左右相连成眼桥;
- 触角16节;
- 口器短;
- 胸部粗大;
- 足细长;
- 翅透明或暗色,翅脉较简单;
- 腹部筒形,雄虫外生殖器发达而多呈钳状,雌虫腹多膨大而端渐尖细;
- 幼虫腐食性或植食性,常大量群聚为害植物地下部分及菌蕈。

1 很多种类的**眼蕈蚊**体翅均为黑色,较为细小。

虻科 Tabanidae

- 体粗壮,体长5~26 mm;
- 头部半球形,一般宽于胸部;
- 雄虫为接眼式,雌虫为离眼式;
- 活虫复眼有各种美丽的颜色和斑纹;
- 触角3节,鞭节端部分2~7个小环节;
- 口器为刮舐式,具有大的唇瓣;
- 具有发达的中胸;
- 翅多数透明,有的有斑纹;
- 翅中央具长六边形的中室;
- 腹部外表可见7节;
- 成虫雄性上颚退化,不吸血,只吸取植物汁液;
- 雌虫不仅需吸血,且需吸取植物汁液作为能量来源。

2 灰色是**虻科**昆虫的主要基调之一,一些种类的复眼极大,小眼面特别突出。

3 **花斑虻** *Chrysops* sp.,复眼光裸,黄绿色并有黑斑,触角远长于头,翅具斑,足细长;腹黄褐色,具两黑色条带。

鹬虻科 Rhagionidae

- 体小型至中型, 体长2~20 mm;
- 体细长;
- 雄虫复眼一般相接, 雌虫复眼宽的分开;
- 翅前缘脉环绕整个翅缘。

❶ 鹬虻亚科 Rhagioninae 的部分种类, 翅上具黑色斑纹。

❷ 金鹬虻亚科 Chrysopilinae 的种类, 较为细小, 外观跟长足虻接近, 翅上有黑色的翅痣。

穴虻科 Vermileonidae

- 体中型, 体长5~18 mm;
- 触角柄节比梗节长;
- 足细长, 后足比前、中足长;
- 翅基部比较狭窄;
- 腹部细长, 基部较窄。

❸ 西藏潜穴虻 *Vermiophis tibetensis*, 头短宽, 半球形; 胸部粗大, 背隆起, 黑褐色; 足细长, 黄褐色; 腹部狭长, 具黄褐色条纹。

水虻科 Stratiomyidae

- 体小型至大型,体长2~25 mm;
- 体细长或粗壮;
- 体色鲜艳,有时有蓝色或绿色的金属光泽;
- 头部较宽;
- 触角鞭节分5~8亚节,有时末端有一端刺或芒;
- 胸部小盾片有时有1~4对刺突;
- 翅上具有明显的五边形中室;
- 翅瓣发达;
- 腹部可见5~7节;
- 成虫在地面植被上和森林的边缘较常见,有访花习性。

❶ 金黄指突水虻 *Ptecticus aurifer*,属瘦腹水虻亚科Sarginae,头部半球形,黄色,复眼分离;体黄褐色,腹部通常从第三节往后具有大面积黑斑;翅棕黄色,端部具有深色斑块。幼虫腐食性,成虫常见于有垃圾或腐烂动植物的草丛、灌木丛中。

❷ 枝角水虻 *Ptilocera* sp.,属平腹水虻亚科Pachygastrinae,其突出特征是小盾片后缘有4个向后伸出的长刺。

小头虻科 Acroceridae

- 体小型至中型,体长2.5~21 mm;
- 体形特殊,头部很小,胸部大,驼背;
- 复眼为接眼式,有明显的毛;
- 触角只有3节;
- 腹部多呈球形;
- 成虫有访花习性。

❸ 边访花边交配的**小头虻**种类(李元胜 摄)。

1

食虫虻科 Asilidae

- 又称盗虻，体中型至大型；
- 体粗壮多毛和鬃；
- 复眼分开较宽；
- 头顶明显凹陷；
- 口器较长而坚硬，适于捕食刺吸猎物；
- 足较粗壮，有发达的鬃；
- 多见于开阔的林区，捕食各种昆虫。

1 **食虫虻**喜欢开阔的场所，通常在山路、大石块周围活动，便于捕捉其他飞行中的昆虫。

剑虻科 Therevidae

- 体小型至中型，体长2.5~18 mm；
- 体粗壮，外观似食虫虻，但头顶不凹陷；
- 头部半球形，前口式或下口式；
- 足细长，后足比前、中足长；
- 成虫不捕食，取食水和花蜜等，白天活动。

2 灰色的**剑虻**种类，浑身布满绒毛，喜欢停在山石上。

2

蜂虻科 Bombyliidae

- 体小型至大型，体长1~30 mm；
- 大多数种类多毛或鳞片，有的种类外观类似蜜蜂、熊蜂或姬蜂；
- 头部半球形或近球形；
- 雄虫复眼一般接近或相接，雌虫复眼分开；
- 足细长，前足常短细；
- 腹部细长或卵圆形；
- 成虫飞翔能力强，喜光，有访花习性。

① **姬蜂虻** *Systropus* sp.，属弧蜂虻亚科Toxophorinae，看上去颇像某些体形细长的姬蜂或胡蜂，色彩鲜艳。成虫盛发期6—8月，出没于阳光充裕的树枝、草丛之中，喜访花。

② **绒蜂虻** *Villa* sp.，属炭蜂虻亚科Anthracinae，体多处被淡黄色绒毛。

③ **玷蜂虻** *Bombylius discolor*，属蜂虻亚科Bombyliinae，口器细长前伸，翅带有黑色斑点，腹部犹如一个棕色的绒球。

长足虻科 Dolichopodidae

- 体小型至中型，体长0.8~9 mm；
- 体一般为金绿色，有发达的鬃；
- 头部多稍宽于胸部，胸背较平；
- 足细长，有发达的鬃；
- 成虫均为捕食性；
- 幼虫多生活在潮湿的沙地或土中，有些水生。

❶ **丽长足虻** *Sciapus* sp.，触角第一节延长，体金绿色，具有强烈金属光泽。成虫发生期5—8月，多见于各种水生环境周边的灌丛中。

舞虻科 Empididae

- 体小型至中型，体长1.5~12 mm；
- 头部较小而圆，复眼多分开；
- 喙一般较长，坚硬；
- 胸部背面隆起；
- 翅基部窄，腋瓣不发达；
- 足细长，前足有时为捕捉足；
- 成虫捕食性。

❷ **舞虻科**的种类。

①

驼虻科 Hybotidae

- 体小型，黑褐色，体长2~4 mm；
- 复眼发达，接眼式；
- 触角芒细长，约为触角的3倍；
- 胸部明显隆凸，具光泽；
- 翅透明，具浅褐色翅痣；
- 腹部不明显向下弯曲。

❶ **驼舞虻** *Hybos* sp.，喙刺状，水平前伸，胸部明显，隆凸。成虫盛发期5—8月。

②

扁足蝇 Platypezidae

- 体小型；
- 触角芒位于触角末端；
- 翅有中室；
- 翅的臀角发达；
- 后足胫节与跗节宽大，雄虫尤其如此。

❷ 身体修长的橙色**扁足蝇**种类，翅狭长，透明，翅脉深色。

蚜蝇科 Syrphidae

- 体小型至大型;
- 翅中部有1条褶皱状或骨化的两端游离的伪脉, 少数种类不明显, 极少数种类缺;
- 体色鲜艳明亮, 具黄、蓝、绿、铜等色彩的斑纹, 外形似蜂;
- 幼虫由于生活习性不同, 外形也不同。

❶ 狭腹蚜蝇 *Meliscaeva* sp., 是色彩鲜艳的种类, 外观近似于小型的蜜蜂或胡蜂, 有着很好的拟态效果。

❷ 柄角蚜蝇 *Monoceromyia* sp., 是一种拟态能力极强的蚜蝇, 外观跟小型蜾蠃十分接近, 不仅身体斑纹, 就连翅上分开的两种颜色, 都跟蜾蠃翅上的纵褶极其相像。

头蝇科 Pipunculidae

● 体小型, 色暗;　● 头部极大, 呈半球形或球形;　● 复眼几乎占据整个头部;
● 触角第一节及第二节很小, 第三节发达;　● 翅长而狭, 通常与身体等长或长于身体;
● 多数种类有翅痣;　● 腹部大多为黑色;　● 多活动于花草间, 飞行迅速, 能在空中悬停。

❶ 佗头蝇 *Tomosvaryella* sp., 头球形, 大部分被复眼占据, 无翅痣 (*李元胜 摄*)。

沼蝇科 Sciomyzidea

● 体小型至中型, 体长1.8~11.5 mm;
● 身体纤细至粗壮;
● 触角常前伸;
● 翅常长于腹, 透明或半透明, 有的翅面有斑甚至呈网状。

❷ 长角沼蝇 *Sepedon* sp., 触角细长, 前伸第二触角节呈杆状, 翅相对窄; 后足腿节无任何背鬃, 但有短粗的腹刺。成虫发生期主要在6—8月。

①

鼓翅蝇科 *Sepsidae*

- 体小而狭长，体长2~12 mm，卵圆形；　● 头部球形或卵圆形；　● 复眼较大；
- 中胸发达；　● 翅膜质透明，翅脉清晰；　● 成虫喜欢伞花形植物，有一定的传粉功能；
- 休息和飞行时两翅均不断来回鼓动，在野外易于辨认。

❶ 最常见的**鼓翅蝇**，基本都是这种形态，并不断地鼓动双翅。

眼蝇科 *Conopidae*

- 体小型至中型，体长2.5~20 mm；
- 黑褐色或黄褐色，形似蜂类；
- 成虫头宽大于胸宽；
- 触角3节，第三节较长；
- 翅透明或暗色；
- 腹部长筒形，基部多收缩呈胡蜂型。

❷ 黑色的**眼蝇**种类。

②

日蝇科 *Heleomyzidae*

- 体多为小型；
- 喙短；
- 前缘脉仅有1缺刻位于亚前缘脉末端附近；
- 亚前缘脉完整，终于翅前缘。

❸ 停在路边石块上，其貌不扬的小型**日蝇**种类。

③

①

实蝇科 Tephritidae

- 体小型至中型；
- 体常有黄、棕、橙黑等色；
- 触角短，芒着生背面基部；
- 翅有雾状的斑纹；
- 雌虫产卵器长而突出，3节明显。
- 常立于花间，翅经常展开，并前后扇动；
- 包含许多世界性或地区性检疫害虫，对果蔬生产和国际贸易等构成威胁。

❶ 翅上带有大块黑斑的**实蝇**，属寡毛实蝇亚科Dacinae。

❷ **南瓜实蝇** *Bactrocera tau*，属实蝇亚科Tephritidae，是葫芦科植物重要的害虫。

②

广口蝇科 Platystomatidae

- 体多为中型；
- 有单眼；
- 喙短，口孔很大；
- 翅臀室有尖的端角；
- 足不细长；
- 产卵器扁平。

1 体形短粗的**广口蝇**，体浅棕色，具大的黑色斑纹，翅上的黑色条状斑纹呈云雾状。

蜣蝇科 Pyrgotidae

- 体中型至大型；
- 头部大；
- 单眼一般消失；
- 腹部基部狭窄，雄虫呈棍棒状，雌虫产卵管基部很长，常长于腹部；
- 成虫在傍晚活动，喜灯光。

2 大型的**蜣蝇**，棕黄色相间，翅透明，狭长，有趋光性。

丛蝇科 Ctenostylidae

- 体小型，美丽的蝇类；
- 触角芒有许多分支；
- 足细长；
- 跗节长于胫节；
- 翅极宽，近卵形；
- 极为稀少蝇类，偶尔可见于灯下。

1 **华丛蝇** *Sinolochmostylia* sp.，是小型美丽的蝇类，身体呈红色，并有大块黑斑；触角第三节钝圆无角突，芒分为10余支；翅极宽，近卵形，大部分为黑色。有趋光性，偶尔可见于灯下。

瘦足蝇科 Micropezidae

- 体小型至中型，细长；
- 触角第二节无指状突；
- 眼中等大；
- 喙短；
- 足细长，前足比中、后足短；
- 翅亚前缘脉完整，终于翅前缘；
- 腹部细长。

2 交配中的**瘦足蝇**。

指角蝇科 Neriidae

- 体小型至中型；
- 触角第二节有指状突；
- 喙短；
- 足细长，前足比中、后足长；
- 翅亚前缘脉完整，终于翅前缘；
- 腹部细长。

① 较为常见的**指角蝇**身体多为黑色，属于指角蝇亚科Neriinae。经常发现于树干上吸食树的汁液，具有躲避人的习性，会在树干上与观察者"捉迷藏"；有时也会在腐烂的波罗蜜等热带水果上发现。

茎蝇科 Psilidae

- 体多为小型；
- 头部及体光滑，有"裸蝇"之称；
- 头部离眼式；
- 单眼三角一般较大；
- 常发现于森林边缘的灌丛中。

② 橙黄色的小型**茎蝇**，复眼棕色，翅透明，端部有少许黑斑。

突眼蝇科 Diopsidae

- 体中小型；
- 体黑褐色或红褐色；
- 头部两侧突伸成长柄，复眼位于柄端；
- 触角着生在眼柄内侧前缘；
- 中胸背板有粗大的刺突2～3对；
- 翅狭长，多具褐色斑；
- 足细长，前足腿节粗大；
- 腹部细长，端部膨大。

1 **泰突眼蝇** *Teleopsis* sp.，头部眼柄较长，胸部有3对刺突；翅上刺发达，翅多褐斑。成虫一般生活在潮湿的环境中。

马来蝇科 Nothybidae

- 体中型；
- 眼大，颊窄；
- 喙短；
- 前胸细长；
- 足细长；
- 腹部细长。

2 外观很像瘦足蝇的小型**马来蝇**，但停息的时候前足并不举起；体棕红色和黑色，翅端部有两条黑色条状斑纹。

果蝇科 Drosophilidae

- 体小型；
- 触角芒一般为羽状；
- 小盾片常裸；
- 翅前缘脉具2缺刻。

3 黑褐色和淡黄色相间的小型**果蝇**，取食树的汁液。

水蝇科　Ephydridae

- 体小型，体长1~11 mm；
- 体常具灰黑色或棕灰色；
- 多数种类颜部向前突出；
- 脉序特化，缺少臀室；
- 生活在沼泽、湖泊等潮湿环境；
- 取食习性多样化，多数腐生；
- 幼虫大多数水生或半水生。

❶ 发现于潮湿土壤上的小型**水蝇**，灰黑色。

隐芒蝇科　Cryptochetidae

- 体小型；
- 体粗短紧凑；
- 体黑，具蓝色或绿色金属光泽；
- 头宽与高均大于长；
- 复眼发达、远离；
- 触角第三节粗大，缺触角芒，仅在角端有一很小的刺突；
- 翅宽大，脉极明显；
- 翅瓣发达。

❷ 具有非常奇特生活习性的小型**隐芒蝇**，生活在中低海拔山区，对黑色发亮的物体有特殊的喜好，常在人眼周围飞舞，并钻进人的眼睛，有时也会停在黑色的相机机身和镜头上。

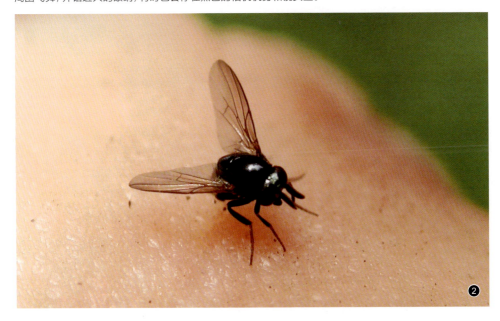

缟蝇科　Lauxaniidae

- 体小型至中型；
- 喙短；
- 胸部突起；
- 小盾片小，不盖住翅和腹部；
- 翅有臀室，臀脉短；
- 足不细长；
- 部分或全部足胫节有端背鬃。

❶ 斑翅同脉缟蝇 *Homoneura* sp.，体灰褐色，中胸背板具斑纹，翅透明并具斑。

甲蝇科　Celyphidae

- 体小型至中型；
- 触角芒基部粗或扁平，呈叶状；
- 小盾片发达，除个别属与中胸等长外，均长于中胸，并膨隆成半球形或卵形，常全盖腹部，很像甲虫；
- 翅静止时折叠在小盾片下；
- 腹部极度弯曲，骨化很强。

❷ 甲蝇 *Celyphus* sp.，体黄褐色；小盾片非常隆起，较宽，几乎和长相等。

潜蝇科　Agromyzidae

- 体微小型至小型，体长1.5~4.0 mm；
- 体一般为黑色或黄色，部分具金属光泽；
- 翅大，透明或着色；
- 腹部的小鬃通常规则地排列成组；
- 腹部或多或少压缩，雌虫可见6个体节，雄虫可见5个体节；
- 幼虫以植物组织为食，多潜于叶中。

❶ 小型黑色的**潜蝇**，复眼棕红色，两复眼之间为明亮的白色，翅透明、狭长。

腐木蝇科　Clusiidae

- 体中型；　　● 触角第二节外缘有角突；
- 喙短；　　● 胸部隆凸；
- 翅前缘脉完整；　　● 翅有臀室。

❷ 红色的**腐木蝇**种类，翅透明，狭长。

树创蝇科　Odiniidae

- 体中型；
- 体浅灰色，有深灰色及黑色斑点和线条；
- 复眼红色；
- 翅带有排列整齐的深灰色斑点；
- 生活在有树汁流出的树干上。

❸ **树创蝇** *Schildomyia* sp.，体浅灰色，有深灰色及黑色斑点和线条；复眼红色；翅带有排列整齐的深灰色斑点。生活在有树汁流出的树干上。

禾蝇科 Opomyzidae

- 体小型，狭长的蝇类；
- 体黄褐色至灰黑色，光亮或被粉；
- 头高于长；
- 触角短，芒具毛；
- 胸甚长于宽；
- 翅狭长，多具斑，至少具端斑。

❶ 川地禾蝇 *Geomyza envirata*，小型狭长的蝇类，长3.5 mm；体深褐色，头黄褐色；翅淡烟黄色，端部具褐色端斑，翅脉黑色。

奇蝇科 Teratomyzidae

- 体小型，狭长的蝇类；
- 头部宽阔，
- 复眼远离；
- 触角前伸，第三节宽大；
- 胸部背面平；
- 小盾片大；
- 翅狭长；
- 腹部狭长，可见7节。

❷ 奇蝇 *Teratomyza* sp.，为极其狭长的小型蝇类，黑色，比较罕见，国内尚无正式记录。

秆蝇科 Chloropidae

- 体小型；
- 体黑色或黄色，有黑斑；
- 复眼大而圆；
- 触角芒细长，有时扁宽类似剑状；
- 中胸背板长大于宽；
- 小盾片短圆至长锥状；
- 足细长，有时后足腿节粗大。

❷ 微小的黑色**秆蝇**，翅透明狭长，腹部甚宽且短。

丽蝇科 Calliphoridae

- 体中大型;
- 体多呈青色、绿色或黄褐色等, 并常具金属光泽;
- 胸部通常无暗色纵条, 或有也不甚明显;
- 雄虫眼一般相互靠近, 雌虫眼远离;
- 口器发达, 舐吸式;
- 触角芒一般长羽状, 少数长栉状;
- 胸部从侧面观, 外方的一个肩后鬃的位置比沟前鬃为低, 两者的连线略与背侧片的背缘平行;
- 前胸基腹片及前胸侧板中央凹陷具毛, 少数例外;
- 翅侧片具鬃或毛;
- 成虫多喜室外访花, 传播花粉, 许多种类为住区病和蛆症病原蝇类;
- 幼虫食性广泛, 大多为尸食性或粪食性, 亦有捕食性或寄生性的。

❶ "绿豆苍蝇", 是**丽蝇科**最常见的形态, 金绿色, 金属光泽强烈。

鼻蝇科 Rhiniidae

- 体中型;
- 多有金属光泽;
- 口上片突出如鼻状;
- 后头上部大半裸出;
- 翅下大结节上无立纤毛;
- 下腋瓣裸。

❷ 此种**鼻蝇**金属光泽不十分明显, 体略细长; 复眼在阳光下呈现色彩丰富的条状纹, 胸部及腹部多刻点, 喜访花。

麻蝇科 Sarcophagidae

- 体多为中小型，灰色，腹部常具银色或带金色的粉被条斑；
- 复眼裸；
- 触角芒基半部羽状；
- 雄额宽狭于雌额宽；
- 翅侧片具鬃毛；
- 从胸部侧面观其外方的肩后鬃的位置比沟前鬃高，至少在同一水平上；
- 下腋瓣宽，具小叶；
- 腹部各腹板侧缘被背板遮盖；
- 多数卵胎生，雌性常产出1龄幼虫。

❶ 中大型的**麻蝇**种类。

寄蝇科 Tachinidae

- 体中型或小型，体粗壮，多毛和鬃；
- 触角芒光裸或具微毛；
- 中胸翅侧片及下侧片具鬃；
- 胸部后小盾片发达，凸出；
- 腹部尤其腹末多刚毛；
- 成虫活跃，多白天活动，有时聚集花上；
- 雌虫产卵在寄主的体表、体内或生活地；
- 幼虫寄生性，是绝大多数农、林、果、蔬害虫有效的寄生性天敌，是天敌昆虫中寄生能力和活动能力最强、寄生种类最繁杂、分布最广泛的类群。

❷ **长足寄蝇** *Dexia* sp.，触角芒羽状，雄虫腹部第三背板至第五背板几乎具中心鬃，喙短。该虫常于植物的顶端活动或树的向阳面取暖。

狂蝇科　Oestridae

- 体长10~17 mm;
- 常具短而疏的淡色毛, 少数种具密毛;
- 口器退化;
- 触角第三节常外露;
- 足较短, 后足长度明显短于体长;
- 腹部常具灰白色或金黄色闪光斑;
- 幼虫寄生于部分哺乳动物的颅腔内, 亦有部分种可致人眼结膜蝇蛆症。

❶ 小头皮蝇 *Portchinskia magnifica*, 头部扁圆形, 胸部黑色, 腹部多具黄褐色长毛, 外形拟态熊蜂。

粪蝇科　Scathophagidae

- 体长3~12 mm;
- 体灰黄色至黑色;
- 小盾片下方裸;
- 无前缘脉刺;
- 成虫大部分为捕食性, 捕食许多小蝇或其他昆虫类, 部分成虫也为腐食性;
- 幼虫大部分为植食性, 有一些种类为腐食性。

❷ 粪蝇 *Scathophaga* sp., 体形较细长, 体灰黄色至黑色。幼虫大部分为植食性; 成虫大部分为捕食性, 捕食许多小蝇或其他昆虫类, 部分成虫也为腐食性。

花蝇科　Anthomyiidae

- 体中小型;
- 体灰黑色, 少有浅色者;
- 小盾端腹面除个别类群外均具立纤毛;
- 腹部第一、二两节的背板愈合, 接合缝消失。

❸ 中型**花蝇**种类, 喜访花。

蝇科 Muscidae

- 体长为2~10 mm；
- 胸部的后小盾片不突出；
- 雌虫后腹部各节均无气门；
- 生态环境广泛，几乎在有生命的地域均有发现。

1 标准的**蝇科**苍蝇形态。

虱蝇科 Hippoboscidae

- 体长2.5~10 mm；　　● 体长圆形，背腹扁平，被大量鬃和毛；
- 头为前口式，常陷没于胸部凹缘间，可自由活动或有的因凹陷太深而不能左右活动；
- 复眼圆形或卵圆形；　　● 单眼存在或无；　　● 触角3节，但外观仅为1节；
- 下颚须1节，向前伸展，形成保护喙（口针）的鞘；　　● 胸部背腹扁平，有较宽的腹板；
- 前胸狭小；　　● 小盾片发育完好；　　● 有翅或无翅，翅可存在于雌、雄虫的一方或双方；
- 有或无平衡棒；　　● 腹部大而扁，分节不明显；　　● 足粗壮，爪发达；
- 成虫吸取鸟类或哺乳动物的血液，胎生型。

2 生活在雨燕巢中的**虱蝇**。

MECOPTERA

头呈喙状长翅目，四翅狭长腹特殊；
蝎蛉雄虫如蝎尾，蚊蛉细长似蚊足。

  长翅目昆虫由于成虫外形似蝎，通称为蝎蛉，雄虫休息时将尾上举，故又有举尾虫之称。

  全世界分布，但地区性很强，甚至在同一山上，也因海拔高度的不同而种类各异，通常在1 400~4 000 m的高度。目前，全世界已知9科500种左右，中国已知3科150余种。

  长翅目昆虫为全变态。卵为卵圆形，产于土中或地表，单产或聚产。幼虫型或蛴螬型，生活于树木茂密环境中苔藓、腐木或肥沃泥土和腐殖质中。幼虫生活于土壤中，食肉性，在土中化蛹。成虫活泼，但飞翔不远，在林区特别多，在森林植被遭到破坏的地区数量少而不常见。成虫杂食性，取食软体小昆虫、花蜜、花粉、花瓣、果实或苔藓类植物等，常捕食叶蜂、叶蝉、盲蝽、小蛾、蚧斯若虫等，在林区的生态平衡中具有一定的意义，是一类重要的生态指示昆虫。

▶ 主要特征

❶ 体中型，细长；
❷ 头向腹面延伸成宽喙状；
❸ 口器咀嚼式，位于喙的末端；
❹ 触角长，丝状；
❺ 翅2对，狭长，膜质，少数种类翅退化或消失；
❻ 前、后翅大小、形状和脉序相似，翅脉接近原始脉相；
❼ 尾须短；
❽ 雄虫有显著的外生殖器，在蝎蛉科中膨大呈球状并上举，状似蝎尾。

蝎蛉科 Panorpidae

- 体中小型;
- 口器向下延伸;
- 翅面常有斑点和色带,但有些种类翅面无任何斑点;
- 足跗节末端具1对爪;
- 雄虫外生殖器球状并上举,形似蝎尾;
- 成虫主要取食死亡的软体昆虫,并吸食花蜜和植物嫩枝。

① **新蝎蛉** *Neopanorpa* sp., 形态特殊的小型昆虫,翅膜质光泽,具黑色斑纹。喜栖息于未被破坏的林地,在林荫处寻找食物。图为雄虫。

② **蝎蛉** *Panorpa* sp., 为黑色种类,翅黑色,带有透明斑点。图为雌虫。

蚊蝎蛉科 Bittacidae

- 体大型;
- 颜色黄褐色;
- 足极长;
- 跗节捕捉式,第五跗节回折于第四跗节之上,末节仅具1爪;
- 外形极似双翅目大蚊科;
- 雄性外生殖器不呈球状。

③ **蚊蝎蛉** *Bittacus* sp., 喜栖息于未被破坏的林地中,在林荫处缓慢飞行或悬挂在植物上。雄虫常把捕捉到的大蚊等昆虫送给雌虫,以求得交配权利。图为捕捉到猎物的雄性蚊蝎蛉。

蚤目

SIPHONAPTERA

侧扁跳蚤为蚤目，头胸密接跳跃足；
口能吸血多传病，幼虫如蛆尘埃往。

蚤目统称为跳蚤，是小型、无翅、善跳跃的寄生性昆虫，完全变态。成虫通常生活在哺乳类动物身上，少数生活在鸟类身上。跳蚤成虫一般体小，通常为1~3 mm，个别种类可达10 mm，体光滑，黄色至褐色。目前，全世界已知2 300余种，隶属于16科，中国已知8科519种。

跳蚤产卵于宿主栖息的洞巢内或其活动憩息的场所。孵出的幼虫营自由生活，以周围环境中的有机屑物（包括蚤类的血便、宿主干粪皮屑、粉尘草屑以及螨类尸屑等）为食，其中，干血粉屑常是多种幼虫必需的营养物质。

跳蚤的繁殖和数量具有鲜明的季节性，这与各属种的适应性有密切的关系，有些是夏季蚤，有些是冬季蚤，有些是春秋季蚤，而秋季高峰往往高于春季。

跳蚤地理分布主要取决于宿主的地理分布，在食虫目、翼手目、兔形目、啮齿目、食肉目、偶蹄目、奇蹄目、鸟纲等温血动物身上常有蚤类寄生，而寄生于啮齿目的较多。地方性种类广见于南极、北极、温带地区、青藏高原、阿拉伯沙漠以及热带雨林，其中有些蚤种已随人畜家禽和家栖鼠类的活动而广布于全世界。

▶ 主要特征

❶ 体微小型或小型；　❷ 体坚硬侧扁；　❸ 外寄生于哺乳类和鸟类体上；　❹ 触角粗短，1对，位于角窝内，不仅是感觉器官，而且常是雄蚤在交配时竖起和抱握雌体腹部的工具；　❺ 针状具刺的口器适于穿刺动物皮肤以利吸血，并起固定于动物皮内的作用；　❻ 眼发达或退化，常视宿主习性和栖息环境而不同；　❼ 无翅；　❽ 后足发达，粗壮；　❾ 腹部宽大，10节；　❿ 体肢着生向后的鬃刺或栉，借以在动物毛羽间向前行进和避免坠落。

蚤科 Pulicidae

❶ 生活在鸟巢中的**跳蚤**。

①

毛翅目 TRICHOPTERA

石蛾似蛾毛翅目，四翅膜质被毛覆；
口器咀嚼足生距，幼虫水中筑小屋。

　　毛翅目因翅面具毛而得名，成虫通称石蛾，幼虫称为石蚕。世界性分布，全世界已知约1万种，中国已知850种。

　　毛翅目昆虫为全变态。通常1年1代，少数种类1年2代或2年1代，卵期很短，一生中大多数时间处于幼虫期。幼虫期一般6~7龄，蛹期2~3周，成虫寿命约1个月。卵块产在水中的石头、其他物体或悬于水面的枝条上。幼虫活泼，水生，幼虫结网捕食或保护其纤薄的体壁。这一习性在大多数种类中高度发达，从管状到卷曲的蜗牛状，形态各异。蛹为强颚离蛹，水生，靠幼虫鳃或皮肤呼吸，化蛹前，幼虫结成茧，蛹具强大上颚，成熟后借此破茧而出，然后游到水面，爬上树干或石头，羽化为成虫。成虫常见于溪水边，主要在黄昏和晚间活动，白天隐藏于植物中，不取食固体食物，可吸食花蜜或水，趋光性强。

　　毛翅目昆虫喜在清洁的水中生活，它们对水中的溶解氧较为敏感，并且对某些有毒物质的忍受力较差，因而在研究流水带生物学，评估水质和人类活动对水生态系的影响以及在流水生态系的生物测定中有着很重要的作用，现被作为监测水质的指示种类之一。幼虫也是许多鱼类的主要食物，常吐丝把砂石或枯枝败叶等物做成筒状巢匿居其中，或仅吐丝做成锥形网，取食藻类或蚊、蚋等幼虫，是益虫。少数种类为害农作物，曾有为害水稻苗的记录。

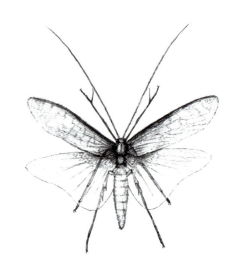

▶ 主要特征

❶ 体小型至中型，蛾状；　　　**❷** 口器咀嚼式，极退化，仅下颚须和下唇须显著；

❸ 复眼发达；　　**❹** 单眼1~3个或无；　　**❺** 触角丝状，多节，约等于体长；

❻ 前胸短，中胸较后胸大；　　　**❼** 翅2对，膜质被细毛，休息时翅呈屋脊状覆于体背；

❽ 翅脉接近原始脉序；　　**❾** 足细长；　　**❿** 跗节5节；　　**⓫** 腹部10节。

原石蛾科 Rhyacophilidae

- 体中型至大型, 长于5 mm;
- 成虫具单眼;
- 下颚须5节, 第一节至第二节粗短, 第二节圆球形;
- 中胸盾片常具毛瘤;
- 后翅常宽, 端部钝圆;
- 前足胫节具端前距;
- 幼虫自由生活, 前口式, 多捕食性种类, 生活于低温急流中。为本目较原始的类群之一。

❶ 小型黑色的**原石蛾**, 触角显得略粗。

畸距石蛾科 Dipseudopsidae

- 触角长不及宽的3倍, 或触角不显著;
- 上唇骨化, 端缘呈圆弧形;
- 下唇细长, 管状, 末端尖锐;
- 前胸后板无前侧突;
- 中胸背板大部分或全部膜质, 或覆盖小骨片但远不及背板1/2;
- 中胸背板无弯曲纵纹; · 足短;
- 胫跗节扁平, 有毛刷;
- 腹部有侧毛列;
- 腹部第九节无骨化背片;
- 臀末有显著乳突。

❸ **畸距石蛾** *Dipseudopsis* sp., 头与前胸红褐色, 体其余部分近黑色, 前翅有若干白色斑。幼虫喜温, 生活于清洁的水体中。

纹石蛾科 Hydropsychidae

- 成虫缺单眼；
- 下颚须末节长，环状纹明显；
- 中胸盾片缺毛瘤；
- 前翅有5个叉脉，后翅第一叉脉有或无；
- 幼虫喜生活在干净的流水中，部分种类有较强的耐污能力。

❶ **横带长角纹石蛾** *Macrostemum fastosum*，体及翅黄色，前翅有中部和端部2条深褐色横带；中带较窄，端带较宽，有时端带较模糊。

等翅石蛾科 Philopotamidae

- 成虫有单眼；
- 下颚须第五节有明显环纹；
- 中胸盾片无毛瘤；
- 翅脉完全；
- 后翅较前翅为宽；
- 一般喜生活在流水中，幼虫居住于丝质长袋状网中，取食聚集在网上的有机质颗粒。

❷ **缺叉等翅石蛾** *Chimarra* sp.，体黑褐色，触角约与体等长。幼虫生活于清洁溪流中（雷波 摄）。

角石蛾科 Stenopsychidae

- 体大型；
- 成虫有单眼；
- 下颚须第五节有不清晰的环纹；
- 触角长于前翅；
- 中胸盾片无毛瘤；
- 幼虫生活于湍流中，用碎石块筑坚固的蔽居室，以小昆虫和藻类等为食。

❸ **角石蛾** *Stenopsyche* sp.，体大型，复眼大，触角稍长于前翅；前翅通常具不规则黄褐色或黑褐色网纹状斑点。常栖息于清洁溪流旁的植物上。

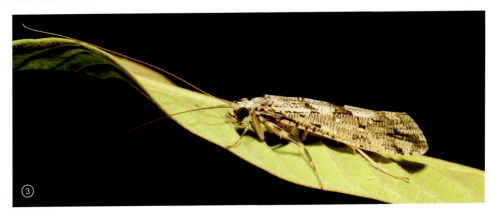

短石蛾科 Brachycentrida

- 体中型至大型,长于5 mm;
- 头顶缺单眼;
- 下颚须3~5节,第二节细长,长于第一节;
- 前胸背板具2对毛瘤;
- 中胸小盾片中央有1对毛瘤;
- 后翅常宽,端部钝圆。

❶ 中型的黑褐色**短石蛾**。

鳞石蛾科 Lepidostomatidae

- 成虫缺单眼;
- 触角柄节连同梗节有时长于头长;
- 雄虫下颚须1~3节,形状高度变异,雌虫为正常5节;
- 中胸盾片具1对毛瘤;
- 幼虫多筑可携带细长方柱形巢;
- 生活于低温缓流中。

❷ **滇鳞石蛾** *Lepidostoma* sp.,体深褐色,具黑色毛,触角柄节长,具黑色鳞毛。生活于山地溪水边。

长角石蛾科 Leptoceridae

- 成虫缺单眼;
- 触角细长,常为翅长的2~3倍;
- 卜颚须5节;
- 中胸盾片的刚毛排成2竖列;
- 前翅狭长;
- 幼虫筑多种形状的可携带巢,石粒质或由植物碎片组成,捕食性或取食藻类。

❸ **黑长须长角石蛾** *Mystacides elongatus*,体及下颚须漆黑色,触角棕黄色,柄节粗壮,鞭节黄白相间,复眼红色;停息时翅亚端部明显宽于翅基部。

细翅石蛾科 Molannidae

- 后胸有毛瘤;
- 后足跗爪1个, 短毛桩状或细长线状;
- 腹部第一节有背、侧瘤突或仅有侧瘤突;
- 幼虫巢砂质, 圆帽状。

① 黑色带有黄色细毛的小型**细翅石蛾**, 静止时的姿态较为特别, 触角平铺, 端部分开, 翅及身体翘起, 约呈30°角。

枝石蛾科 Calamoceratidae

- 上唇中部有1横列毛, 约16根以上;
- 后胸有毛瘤;
- 腹部第一节有背、侧瘤突或仅有侧瘤突;
- 幼虫巢由树叶、树皮构成, 或为中空的短枝条。

② **多斑枝石蛾** *Ganonema maculata*, 头胸部黄褐色; 前翅棕褐色, 翅中部散生浅色斑纹。生活于山地溪水边。

齿角石蛾科 Odontoceridae

- 成虫缺单眼;
- 触角基节较长;
- 下颚须5节, 较粗壮;
- 雄虫复眼大, 有时在头背方几乎相接;
- 中胸小盾片具单个大毛瘤;
- 幼虫筑稍弯的圆柱形可携带巢, 由碎石块构成, 质坚硬, 生活于流水中, 杂食性。

③ 这种**齿角石蛾**触角灰白色, 前伸, 约为体长的2倍; 翅面灰色, 翅脉黑褐色。生活于清洁流水边。

①

石蛾科 Phryganeidae

- 体大型；
- 成虫具单眼；
- 下颚须雄虫4节，雌虫5节；
- 幼虫巢圆筒形，通常由叶片及树皮碎片组成，排列成螺旋状或不规则形。

① **褐纹石蛾** *Eubasilissa* sp.，体大型，头黑褐色；胸部背面黑褐色；前翅褐色，前缘散布橘黄色波浪形横纹。幼虫生活在高海拔、岸边植被良好的低温清洁溪流中。

瘤石蛾科 Goeridae

- 触角位于眼与头壳前缘的中央；
- 上唇中部无横列毛，如有不超过6根；
- 前胸盾板宽大于长；
- 中胸背板无弯曲纵纹；
- 后胸前背毛瘤多于1根；
- 后足跗爪与其他足相同；
- 腹部侧面无颗粒；
- 腹部第一节背面有瘤突而无横行骨片。

② **瘤石蛾** *Goera* sp.，体粗壮，黄褐色至黑褐色，触角柄节较长。幼虫生活于清洁流水中（郭宪 摄）。

②

沼石蛾科 Limnephilidae

- 成虫具单眼；
- 下颚须雄虫3节，雌虫5节；
- 中胸盾片常具1对椭圆形毛瘤，或缺毛瘤。

③ 黑褐色的中小型**沼石蛾**，极为活跃，行动机敏。

③

乌石蛾科 Uenoidae

- 体长不超过7 mm；
- 触角柄节常长于头；
- 头顶具2~3个单眼；
- 下颚须3~5节，第二节细长，长于第一节，末节与其他节相似，长约与前几节相等；
- 后翅常宽，端部钝圆，臀区退化，仅略宽于前翅；
- 中胸小盾片窄长，前端尖，超过中胸盾板长的1/2，其毛瘤长为宽的3~4倍。

① 小型**乌石蛾**，触角黑白相间，身体大部呈黑褐色，头顶及胸部黄褐色，前翅后方自基部至2/3处黄褐色；静止时屋脊状的"背部"3/4为黄褐色。

①

LEPIDOPTERA

虹吸口器鳞翅目，四翅膜质鳞片覆；
蝶舞花间蛾扑火，幼虫多足害植物。

鳞翅目是昆虫纲中仅次于鞘翅目的第二大目，包括蛾、蝶两类。关于鳞翅目的分类系统很多，20世纪80年代末以来，普遍认为可分为4个亚目：轭翅亚目Zeugloptera、无喙亚目Aglossata、异蛾亚目Heterobathmiina及有喙亚目Glossata。分布范围极广，以热带最为丰富，全世界已知约20万种，中国已知8 000余种。

鳞翅目昆虫为全变态。完成一个生活史通常1~2个月，多则2~3年。卵多为圆形、半球形或扁圆形等。幼虫蠋式，头部发达，口器咀嚼式或退化，身体各节密布刚毛或毛瘤、毛簇、枝刺等，胸部3节，具3对胸足，腹部10节，腹足2~5对，常5对，腹足具趾钩，趾钩的存在是鳞翅目幼虫区别于其他多足型幼虫的重要依据之一。蛹为被蛹。成虫蝶类白天活动，蛾类多在夜间活动，常有趋光性。有些成虫季节性远距离迁飞。

幼虫绝大多数植食性，食尽叶片或钻蛀枝干、钻入植物组织为害，有时还能引致虫瘿等，是农作物、果树、茶叶、蔬菜、花卉等的重要害虫；土壤中的幼虫咬食植物根部，是重要的地下害虫。部分种类幼虫为害仓储粮食、物品或皮毛，少数幼虫捕食蚜虫或介壳虫等，是重要的害虫天敌。成虫取食花蜜，对植物起传粉作用；家蚕、柞蚕、天蚕等是著名的产丝昆虫，部分种类是重要的观赏昆虫；虫草蝙蝠蛾幼虫被真菌寄生而形成的冬虫夏草是名贵的中草药。

▶ **主要特征**

❶ 体小型至大型，体、翅及附肢均密被鳞片；　❷ 口器虹吸式，少数咀嚼式或退化；

❸ 复眼发达，单眼2个或无；　❹ 触角呈丝状、棒状、栉齿状等；

❺ 足细长，跗节5节；　❻ 翅膜质，有鳞毛和鳞片覆盖，少数种类的雌虫无翅或退化；

❼ 多数种类翅面具各种线条和斑纹，其分布、形状等因种类而异；

❽ 脉序与假想脉序很接近；　❾ 腹部10节，无尾须。

小翅蛾科 Micropterigidae

- 体长仅数毫米；
- 成虫有金属光泽；
- 口器为咀嚼式；
- 白天活动，在花上取食花粉；
- 幼虫躯干背部和背侧部具蜂窝状构造。

❶ **小翅蛾**在自然光下通常带有五颜六色的金属光泽。

长角蛾科 Adelidae

- 触角特别长，雄虫的触角常是前翅的3倍，雌虫的触角虽然较短，但也常比前翅稍长；
- 前翅3.5~12 mm；
- 国内常见的都是白天活动并具金属光泽；
- 幼虫取食枯叶或低等植物。

❷ **大黄长角蛾** Nemophora amurensis，雄蛾触角是翅长的4倍，前翅黄色，基半部有许多青灰色纵条；端部约1/3处具放射状向外排列的青灰色纵条。

谷蛾科 Tineidae

- 体小型；
- 体色常暗，偶有艳丽的色彩；
- 头通常被粗鳞毛；
- 无单眼；
- 触角柄节常有栉毛；
- 下颚须长，5节；
- 下唇须平伸，第二节常有侧鬃；
- 后足胫节被长毛；
- 翅脉分离，后翅窄。

❸ **扁蛾属** Opogona 的种类，翅的基半部黄色，端半部褐色并有黄斑和长毛。

细蛾科 Gracillariidae

- 体小型；
- 触角长，休息时沿着翅膀向后伸展；
- 喙发达；
- 下唇须3节，通常上举；
- 翅狭长，具长的缨毛，翅沿着身体呈屋脊状放置；
- 前翅色彩通常鲜艳，常有白斑和V形横带；
- 静止时身体前部由前足和中足支起，翅端接触物体表面，形成坐姿；
- 幼虫潜食叶片、树皮或果实。

❶ 呈大约40°角"端坐"的小型**细蛾**，白色的翅上带有棕色斑纹。

巢蛾科 Yponomeutidae

- 体小型至中型，翅展12~25 mm；
- 下唇须上举，末端尖；
- 前翅稍阔，接近顶部呈三角形；
- 后翅长卵形或披针形；
- 前翅常有鲜艳斑纹。

❷ **巢蛾**翅静止时卷曲，身体呈圆筒状；橙色，密布大大小小的白色斑纹。

菜蛾科 Plutellidae

- 体小型；
- 触角休止时向前伸；
- 下颚须小，向前伸；
- 前后翅的缘毛有时发达并向后伸，休止时突出如鸡尾状；
- 前翅有时有浅色斑；
- 幼虫潜叶或钻蛀。

❸ **菜蛾** *Plutella xylostella*，前翅灰黑色或灰白色，后翅从翅基至外缘有三度曲波状的淡黄色带。为害十字花科蔬菜及其他野生十字花科植物。

①

举肢蛾科 Heliodinidae

- 体小型，白天活动；
- 头顶光滑，有单眼；
- 前翅具金属光泽，后翅极窄，披针形，具宽缨毛；
- 静止时通常后足竖立于身体两侧，高出翅面。

① 举肢蛾为非常细小的蛾类，后足粗大，静止时竖起。

织蛾科 Oecophoridae

- 体小型至中型；
- 体色多为褐色；
- 触角短，达前翅的3/5，柄节通常有栉；
- 下唇须长，上举，超过头顶；
- 前翅阔，顶角钝圆；后翅宽，顶角圆，有的雌蛾翅退化或无翅；
- 幼虫筑巢、缀叶、卷叶或在植物组织内为害，取食死的动植物、真菌或高等植物的叶、花或种子。

② 细点带织蛾 *Ethmia linealonotella*，头及胸背乳白色，布有黑色斑点；前翅乳白色，有4条黑色平行线及黑色斑点散布。

③ 长足织蛾 *Ashinaga* sp.，体黑褐色，触角黑褐色，后足特别长；前翅灰褐色，窄长形；外缘缘毛黑褐色，间杂褐红色斑列。照片摄于云南铜壁关自然保护区。

祝蛾科 Lecithoceridae

- 体小型至中型；
- 无单眼；
- 触角通常等于或长于前翅，雄蛾的触角基部常加粗；
- 下唇须上举，下颚须4节；
- 前翅常为黄褐色、黄色、奶油色或灰色，一些种类具金属光泽，许多种类完全无花纹。

1 **泰茜祝蛾** *Tisis* sp.，翅面橙色、黄色、棕色斑纹相间，并有黑色线条。

2 **折翅蛾** *Nosphistica* sp.，是一种微小而奇特的蛾子，翅为深浅不一的灰黑色斑纹。静止时，前后翅平展，却交叉排列，前翅大约呈45°角向后伸展，后翅则呈15°角向后略张开。

小潜蛾科 Elachistidae

- 体小型；
- 许多种类前翅白色或灰色，具各种暗褐色的斑纹，另一些则为暗色具白色的花纹；
- 单眼常无；
- 下颚须很短；
- 下唇须长，前伸到上举，或短而下垂；
- 常有眼罩；
- 后翅窄。

3 白色带有椭圆形黑斑的**小潜蛾**。

绢蛾科 Scythrididae

- 体小型； - 常色暗，有时浅灰色；
- 翅窄； - 腹部宽，特别是雌蛾；
- 有些无飞行能力；
- 休止时翅下垂；
- 成虫常白天活动，但热带和亚热带的种类常夜间活动；
- 幼虫通常结网取食芽或叶，但也有潜叶或缀叶的。

4 **黄斑绢蛾** *Eretmocera impactella*，前翅黑褐色，有3个淡黄色圆斑（张宏伟 摄）。

①

尖蛾科 *Cosmopterigidae*

- 体小型至微小型；
- 常有鲜艳的色彩；
- 喙发达；
- 触角与前翅等长或相当于其3/4；
- 下唇须上举，末节细长而尖；
- 前翅细长，披针形；
- 后翅较前翅窄，披针形或线状。

① **尖蛾**多为细长的微小蛾类，触角端半部白色，基半部黑色；翅以橙黄色和黑色为主，并带有奶白色斑点；后足静止时向后上方呈15°角伸出。

麦蛾科 *Gelechiidae*

- 头顶通常平滑；
- 单眼通常存在，较小；
- 触角简单，线状，雄性常有短纤毛，柄节一般无栉；
- 下颚须4节，折叠在喙基部之上；
- 下唇须3节，细长，第二节常加厚，具毛簇及粗鳞片；
- 前翅广披针形；
- 后翅顶角凸出，外缘弯曲成内凹。

② 小型**麦蛾**类，翅灰白色，带有斑点；静止时翅略卷起，触角沿翅的方向向后摆放。

木蠹蛾科 *Cossidae*

- 体小型至大型；
- 一般翅为灰色或褐色，有时奶油色；
- 触角通常为双栉状，否则为单栉状或线状；
- 喙非常短或缺；
- 翅脉几乎完整；
- 腹部长，体粗壮，常含大量脂肪。

③ **豹蠹蛾** *Zeuzera* sp.，全体白色，雄蛾触角基半部双栉形，栉齿长，黑色；胸部背面有6个黑色斑点，腹部有黑色横纹，前翅密布黑色斑点。

②

③

卷蛾科 Tortricidae

- 体小型至中型；　　● 绝大多数种类色暗，少数颜色鲜明；　　● 头通常粗糙；
- 单眼常有；　　● 触角一般线状，但偶尔栉状，雄虫触角基部有的具切刻或膨大变扁；
- 前后翅大约等宽；　　● 前翅的形状变异很大，有时同一种的雌雄间也有差异；
- 雄虫的前后翅都可能有与发香有关的褶区。

❶ **小黄卷蛾** *Adoxophyes* sp.，静止时前翅相互重叠，呈流线形。

①

透翅蛾科 Sesiidae

- 体小型至中型；
- 翅狭长，通常有无鳞片的透明区，极似蜂类；
- 前翅有特殊的扇状鳞片；
- 头后缘有1列"毛隆"；
- 单眼大；
- 触角端部在生刚毛的尖端之前常膨大，有时线状、栉状或双栉状；
- 腹末有一特殊的扇状鳞簇。白天活动，色彩鲜艳；
- 幼虫主要蛀食树干、树枝、树根或草本植物的茎和根。

① **毛足透翅蛾** *Melittia* sp.，体粗壮，最为突出的特点是后足被长鳞，似毛刷状；腹部尾毛丛不发达；外观拟态蜂类，特别是后足的长毛在访花悬停的时候颇似熊蜂腹部晃动。白天活动。

②

舞蛾科 Choreutidae

- 体小型；
- 喙基部有鳞片；
- 后翅无透明区；
- 停息时，翅张开，犹如孔雀开屏，并不停地在叶片背面打转。

② **眼舞蛾** *Brenthia* sp.，奇特的小型蛾类，通常在山路边的灌丛叶片上见到。白天活动，1对前翅翘起，呈孔雀开屏状，在叶片上不断打转，十分活跃。

斑蛾科 Zygaenidae

- 体小型至中型;
- 色彩鲜艳;
- 绝大多数白天活动;
- 有喙;
- 翅多有金属光泽, 少数暗淡;
- 有些种类后翅有尾突, 似蝴蝶状。

① **透翅斑蛾** *Illiberis* sp., 中小型斑蛾, 身体蓝黑色, 翅透明, 有稀疏的黑色鳞片, 翅脉黑色。

② **茶柄脉锦斑蛾** *Eterusia aedea*, 为美丽的大型蛾类, 翅蓝黑色, 带有大型白斑。白天活动, 有时夜间也有趋光性。

拟斑蛾科 Lacturidae

- 体小型至中型;
- 头平滑或粗糙;
- 触角丝状, 简单, 略粗;
- 触角前伸时, 与身体呈45°角;
- 静止时翅膀呈屋脊状放置在身体上;
- 前翅往往为鲜红色和黄色, 或红色和黑色。

③ **斑巢蛾** *Anticrates* sp., 为小型蛾类, 体翅明黄色, 带有大型红褐色和暗红色斑纹。

①

②

③

刺蛾科 Limacodidae

- 单眼与毛隆缺失；
- 喙退化或消失；
- 雄虫触角通常双栉齿状，至少基部1/3~1/2如此，雌虫简单；
- 翅通常短，阔而圆。

① 丽绿刺蛾 *Latoia lepida*，头顶、胸背绿色；胸背中央具1条褐色纵纹向后延伸至腹背，腹部背面黄褐色；前翅绿色，外缘具深棕色宽带。

①

寄蛾科 Epipyropidae

- 单眼与毛隆缺失；
- 口器退化，仅可见微小的下唇须；
- 触角短，双栉齿形；
- 前翅略呈三角形；
- 后翅圆而远短于前翅，色暗；
- 幼虫为半翅目蝉科和蜡蝉科等类群的外寄生物，第三龄开始分泌白色蜡质物质覆盖于体上。

1 龙眼鸡寄蛾 *Fulgoraecia bowringi*，体黑色，略带黄褐色，触角双栉状黑褐色；前翅外缘宽于后缘，前缘略呈黄褐色。

2 龙眼鸡寄蛾 幼虫寄生在半翅目龙眼鸡体上，吸取寄主的体液，直到化蛹，寄主也因此死去。

翼蛾科 Alucitidae

- 体小型至中型，常称为多羽蛾，很易识别；
- 前翅为6片；
- 后翅为6~7片；
- 幼虫蛀入花、芽、种子、叶、新梢或茎内取食。

3 孔雀翼蛾 *Alucita spilodesma*，体黄白色，触角为前翅1/2，丝状；翅深裂为6片，各呈羽毛状，翅黄白色，有橙黄色和黑褐色带斑，带斑深浅相间。

羽蛾科　Pterophoridae

- 体小型；
- 前翅常深裂为2~3片，但有时完整；
- 后翅分为3片，有时也完整；
- 腹部常细长；
- 停栖时呈"T"字形。

① 浅褐色的小型**羽蛾**，喜访花。

网蛾科　Thyrididae

- 体中小型至中型；
- 翅宽，通常前后翅都有类似的网状斑，有些种类翅上有明显的透明斑；
- 翅色常为褐色至红褐色，带有银光或金光；
- 单眼很少存在，无毛隆；
- 额有时扩大呈一明显的凸起；
- 喙常退化；
- 下唇须通常3节，偶有2节；
- 成虫休止时身体高举，翅展开，很特殊；
- 幼虫蛀茎、卷叶或缀叶，有的形成虫瘿。

② **一点斜线网蛾** *Striglina scitaria*，体翅均枯黄色，触角丝状，前后翅布满棕色网纹，并有1条棕色斜线。

③ **红蝉网蛾** *Glanycus insolitus*，为雌雄异型的种类，雄虫黑色带有红色斑，雌虫红色带有黑色斑。图为雄虫。

螟蛾科 Pyralidae

- 体小型至中型；
- 触角通常绒状，偶有栉状或双栉状；
- 喙发达，基部被鳞；
- 下唇须3节，前伸或上举；
- 翅一般相当宽，有些种类则窄；
- 幼虫主要为植食性，取食活体的植物或干的植物组织，但也有取食蜂蜡。

1 很多小型**螟蛾科**的种类都采用了这种呈45°角的"坐姿"。

草螟科 Crambidae

- 从外观上看与螟蛾科种类极为近似，难以区分；
- 主要区别在翅脉、鼓膜、外生殖器的形态等。

2 **大白斑野螟** *Polythlipta liquidalis*，头黑褐色，触角白色；翅白色半透明，前翅基角黑褐色，后翅外缘有1排小黑点。

3 **绿翅绢野螟***Parotis suralis*，体嫩绿色，触角细长丝状，胸部背面嫩绿，双翅嫩绿色。分布于西南、华南等地。

尺蛾科 Geometridae

- 体小型至大型，通常为中型；
- 体一般细长；
- 翅宽，常有细波纹，少数种类雌蛾翅退化或消失；
- 通常无单眼，毛隆小；
- 喙发达；
- 幼虫寄主植物广泛，但通常取食树木和灌木的叶片。

❶ 璃尺蛾 *Krananda* sp.，前后翅基半部半透明，但有薄层具不均匀灰黄色鳞；前翅内线两侧黑斑鲜明；前后翅外线黄褐色至暗褐色，亚缘线的浅色斑点十分模糊或消失。

❷ 金星尺蛾 *Abraxas* sp.，翅底银白色，淡灰色斑纹；前翅下端有1个红褐色大斑，翅基有1个深黄褐色花斑，翅斑在个体间略有变异。

❸ 青辐射尺蛾 *Iotaphora admirabilis*，全身青灰色，翅上有杏黄色及白色斑纹。幼虫绿色，体型如半个叶片，为害胡桃楸。

圆钩蛾科 Cyclidiidae

- 白色具暗花纹的大型种类，或略带褐色的中小型种类；
- 腹部基部有1对长毛簇；
- 爪形突基部有1对侧臂。

① **洋麻钩蛾** *Cyclidia substigmaria*，前翅顶角微钩状，翅膀灰白色夹杂淡灰黑色斑纹。

钩蛾科 Drepanidae

- 体中型至大型；
- 前翅顶角通常呈钩状，也有不少种类并非如此；
- 休息时触角通常置于前翅之下；
- 幼虫为外部取食者，大多是林木、果树及农作物的害虫。

② **后窗枯叶钩蛾** *Canucha specularis*，前翅枯黄色，前缘中部隆起，顶角尖，外缘有1排黑点；后翅中部有1条黄色直线，与前翅斜线连贯。

③ **宽铃钩蛾** *Macrocilix maia*，是一种曾经轰动微博的蛾子，有人形容其翅面的花纹：体鲜黄色，就像一股热乎乎的鸟粪从空中落下，在后翅上溅开了一朵"美丽的粪花"；前翅花纹则像两只红头苍蝇正在逐臭而来。整个画面仿佛是模拟"两只苍蝇在吃小鸟便便"的场景。

波纹蛾科 Thyatiridae

- 外形似夜蛾;
- 有单眼;
- 下唇须小;
- 喙发达;
- 触角通常为扁柱形或扁棱柱形;
- 幼虫取食树木和灌木叶子,暴露或缀叶取食。

① **连珠波纹蛾** *Horithyatira* sp.,为中型蛾类,静止时翅呈屋脊状先后延伸,前翅将后翅完全盖住,自背面俯视,整体呈一等边三角形,其左右边(即前翅前缘)有一连串大型白斑。

燕蛾科 Uraniidae

- 从外观上可分为大燕蛾和小燕蛾两大类;
- 大燕蛾包括那些具有观赏性的美丽多彩的日出性蛾子,其后翅有明显的尾突,有时它们常被误认为凤蝶;
- 小燕蛾族则是夜出性而不具彩虹色的蛾子,其后翅有小而尖的尾突。

② **大燕蛾** *Lyssa zampa*,为大型蛾类,体土褐色至灰褐色;前翅烟黑色,基部较外半部色深,中带污白色且自前缘直达后缘中部的稍外方;前缘处有黑白相间的节状纹,中带及翅基间有棕色细散条纹。

③ **双尾蛾** *Dysaethria* sp.,为小型蛾类,白色带有黑褐色斑,后翅具2个细小的尾突。

凤蛾科 Epicopeiidae

- 外形类似凤蝶；
- 喙发达；
- 触角双栉状；
- 成虫头部后方能分泌一种黄色黏液，受干扰时排出，用以防卫。

1 **浅翅凤蛾** *Epicopeia hainesii*，前翅鳞片薄，翅膜呈灰褐色，翅脉烟赭色；后翅翅脉黄褐色，尾带内侧有4个红点（李元胜 摄）。

2 **蚬蝶凤蛾** *Psychostrophia nymphidiaria*，翅白色，全翅外缘以及前翅前缘除4小块白斑外，均为黑色，极易分辨。白天活动，有时可见到上百只在潮湿的土地上吸水。

锚纹蛾科 Callidulidae

- 体小型至中型；
- 通常暗褐色的翅上具1个橘黄色的带或斑；
- 触角线状，端部稍膨大；
- 绝大多数是日出性的，静止时四翅竖立在背上，类似蝶类；
- 有些种类可被灯光引诱。

3 **锚纹蛾** *Pterodecta felderi*，体棕黑色，前翅棕褐色；中室外有1个橙黄色的锚形纹，翅的反面也有锚纹。成虫白天活动，外观酷似蝴蝶。

枯叶蛾科 Lasiocampidae

- 体中型至大型，粗壮；
- 被厚毛、后翅肩区发达；
- 静止时形似枯叶状；
- 触角在两性中均为双栉齿状；
- 喙退化或缺；
- 下唇须小到大，常前伸或上举；
- 雌虫腹末常有毛丛；
- 有的雌虫属短翅型，性二型现象明显；
- 幼虫大多取食树木叶片，经常造成严重危害。

① **松毛虫** *Dendrolimus* sp.，体枯叶色，前翅中外横线波状或齿状，亚外缘斑列深色，中室端具小点。为针叶树大害虫。

② **栗黄枯叶蛾** *Trabala vishnou*，体绿色、黄绿色或者橙黄色；前翅三角形，斑纹黄褐色；后翅中部有2条明显的黄褐色横线纹。

带蛾科 Eupterotidae

- 体中型至大型；
- 翅通常宽而暗；
- 前翅从翅顶至后缘中央有斜行横带1条；
- 后翅一般也有斜行横带；
- 雌雄虫触角均为双栉齿状；
- 喙不发达；
- 下唇须短。

③ **纹带蛾** *Ganisa* sp.，为褐色的大型蛾类，前翅侧缘带颜色较浅。

天蚕蛾科 *Saturniidae*

- 体多大型，翅展一般在100~140 mm，但最小的只有65 mm左右，最大的可达210 mm；
- 触角宽大呈羽枝状（双栉齿状），除末端几节外，自上而下各鞭节均成双栉枝状，雌虫的栉枝短于雄虫；
- 喙退化；
- 下唇须一般短小，多向上方直伸，上面有较粗的密集毛；
- 翅宽大，中室端部一般都有不同形状的眼形斑或月牙形纹；
- 前翅顶角大多向外突出；
- 后翅肩角发达；
- 有些种类的后翅臀角延伸呈飘带状。

① **绿尾天蚕蛾** *Actias ningpoana*，体粉绿白色，翅粉绿色，前翅前缘暗紫色，中室末端有1个眼斑；后翅也有1个眼斑，形状颜色与前翅上相同，后角尾状突出。寄主为柳、苹果等几十种植物。

② **银杏珠天蚕蛾** *Rinaca japonica*，体灰褐色至紫褐色。

③ **粤豹天蚕蛾** *Loepa kuangtungensis*，体黄色，前翅中室端有1个椭圆形斑，紫褐色，后翅斑纹与前翅近似。

天蚕蛾科 Saturniidae

❶ 海南鸮目天蚕蛾 *Salassa shuyiae*，体翅棕色为主，密布黑灰色鳞片。本种最大特点是，每个翅上的透明眼状斑都非常巨大，呈圆形，绿色。

❷ 乔丹点天蚕蛾 *Cricula jordani*，为小型天蚕蛾，体橙红色；前翅顶角较尖外突，外线褐色较直，至顶角斜向后缘中部，中室端有1个圆形透明小点；后翅内线明显，外线色较浅，波状，中室端圆斑比前翅小。图为雄蛾。

❸ 王氏樗蚕蛾 *Samia wangi*，体翅青褐色，前翅顶角外突，端部钝圆，中室端有较大新月形半透明斑；后翅色斑与前翅相似。

①

②

③

箩纹蛾科 Brahmaeidae

- 体中型至中大型；
- 翅宽；
- 翅色浓厚，有许多箩筐条纹或波状纹，亚缘有1列眼斑；
- 触角两性均双栉状；
- 喙发达；
- 下唇须长，上举。

1 **枯球箩纹蛾** *Brahmaea wallichii*，体黄褐色，体型特大；前翅端部具大型枯黄斑，其中3根翅脉上有许多"人"字纹。

蚕蛾科 Bombycidae

- 体中型；
- 喙退化；
- 下唇须3节，第二节最长；
- 触角大多为双栉羽状，外侧羽长于内侧枝状羽，雄虫栉枝明显长于雌虫，有些种类雄虫触角基半为双栉形，上半栉齿状，雌虫则为单栉齿形；
- 翅宽大，一般前翅顶角稍外突呈钝圆形，也有些种类外突较长并向下稍弯呈钩状；
- 后翅后缘中部一般稍内陷呈圆弧形，近臀角处有半月形双色斑；
- 有些种的臀角稍延长似耳形。

2 **野蚕蛾** *Theophila* sp.，头隐于胸，触角双栉形，前翅顶角向外突出，略呈钩状；端部黑色，后翅深褐色。

天蛾科 Sphingidae

- 体粗壮, 纺锤形, 末端尖;
- 头较大;
- 无单眼;
- 喙发达, 常很长;
- 触角线状, 偶尔双栉状, 中端部常加粗, 末端弯曲呈小钩状;
- 下唇须上举, 紧贴头部;
- 前翅狭长, 顶角尖锐, 外缘倾斜, 一般颜色较鲜艳;
- 后翅较小, 近三角形, 色较暗, 被有厚鳞。

❶ 鬼脸天蛾 *Acherontia lachesis*, 头部棕褐色, 胸部背面有骷髅形纹。

❷ 日本鹰翅天蛾韩国亚种 *Ambulyx japonica koreana*, 体色较暗, 前翅表面近基部处有宽大的黑色条纹, 停栖时, 此条纹从左右翅与胸部背侧的黑斑连接成1条宽大的横带。

❸ 长喙天蛾 *Macroglossum* sp., 通常在花间悬停吸食花蜜, 经常被误认为是蜂鸟而见诸报端。

舟蛾科 Notodontidae

- 体中型；
- 体大多褐色或暗色，少数洁白或其他鲜艳颜色；
- 夜间活动；
- 喙不发达；
- 无下颚须；
- 大多无单眼；
- 触角雄虫常为双栉形；
- 幼虫大多取食阔叶树叶片，有些为害禾本科等植物。

① **白二尾舟蛾** *Cerura tattakana*，体近灰白色，头、颈板和胸部灰白色稍带微黄色；胸背中央有6个黑点，分2列；前翅黑色内横线较宽，不规则，外横线双边为平行波浪形。

② **黑蕊舟蛾** *Dudusa sphingiformis*，前翅灰黄褐色，前缘有5~6个暗褐色斑点，从翅尖至内缘近基部暗褐色，呈一大三角形斑。

③ **掌舟蛾属** *Phalera*，在静止时，都采用这样的姿势，犹如一小段树枝，具有强烈的保护色和拟态作用。

毒蛾科 Lymantriidae

- 无单眼；
- 触角通常双栉状，雄虫栉通常比雌虫栉长；
- 喙极其退化或消失；
- 翅通常阔，但有些种类雌虫的翅强烈退化；
- 雌虫腹末常有大毛丛；
- 低龄幼虫有群集和吐丝下垂的习性；
- 幼虫取食叶片，大多为害木木植物。

④ **白纹羽毒蛾** *Pida postalba*，前翅底色白色，翅顶角具一明显的三角形白色区域，其余部分散布灰棕色和黑色鳞片，在白色三角区与灰棕色区间具1条棕黑色宽带。

灯蛾科 Arctiidae

- 体中型;
- 色彩鲜艳;
- 多有单眼;
- 喙退化;
- 幼虫植食性,取食多种植物叶片。

❶ **闪光玫灯蛾** *Amerila astrea*,头、胸背及腹部两侧面有黑色圆斑;前、后翅鳞片少,大部分区域呈膜质状。

❷ **首丽灯蛾** *Eucallimorpha principalis*,翅面具有黄色近圆形不规则黄白色或橙色斑纹,是很好识别的色彩艳丽的灯蛾。

❸ **美雪苔蛾** *Chionaema distincta*,雌虫前翅白色,亚基线红色;雄虫前缘基部具红边,内线红色斜线。

❹ **丽美苔蛾** *Miltochrista* sp.,为小型美丽的种类,翅黄色,遍布短小的红色横线和棕色纵线。

❺ **新鹿蛾** *Caeneressa* sp.,头黑色,前后翅大部分为透明斑,其余区域黑色;腹部黄色,腹节间有黑色环状绒条。

①

瘤蛾科　Nolidae

- 体小型至大型；
- 颜色暗，少有鲜艳的色彩；
- 静止时，翅呈屋脊状平置于身体上；
- 静止时，触角经常沿前翅前缘放置；
- 触角通常具简单的丝状；
- 无单眼；
- 前翅中室基部及端部有竖鳞；
- 后翅通常没有复杂的彩色斑纹；
- 翅缰钩棒状。

① **皮瘤蛾** *Nolathripa* sp.，为小型蛾类，白色，前翅外缘褐色，带有银色鳞片，其余中间大部分为土黄色；近基部有1片突起的鳞片，形成1个小型斑点。

② **红衣瘤蛾** *Clethrophora distincta*，前翅绿色，前缘棕色，后缘基部有棕斑；后翅为红色。

②

夜蛾科 Noctuidae

- 体中型至大型;
- 喙多发达;
- 下唇须普遍存在, 前伸或上举, 少数向上弯曲至后胸;
- 多有单眼;
- 触角大多为线形或锯齿形, 有时呈栉状;
- 体色一般较灰暗, 热带和亚热带地区常有色泽鲜艳的种类;
- 幼虫植食性, 有时肉食性, 少数粪食性。

① **银锭夜蛾** *Macdunnoughia crassicigna*, 头及胸部灰色, 腹部黄褐色; 前翅灰褐色, 锭形银斑较大, 肾纹外侧有1条银色纵线, 亚端线锯齿形; 后翅褐色。

② **丹日明夜蛾** *Sphragifera sigillata*, 前翅表面白色, 具1枚大型褐色圆斑。生活在低、中海拔山区。

③ **髯须夜蛾** *Hypena* sp., 下唇须极长并向前伸直, 静止时前翅向后呈45°角左右平铺, 完全盖住后翅, 但不互相交叉, 呈等腰三角形。

④ **锡金艳叶夜蛾** *Eudocima sikhimensis*, 为大型夜蛾, 前翅黄褐色, 形似枯叶; 后翅橘黄色, 内侧有1个大型蝌蚪状黑斑。

⑤ **旋目夜蛾** *Spirama retorta*, 翅面黑褐色, 翅型宽大, 前翅有1条C形大眼纹。

⑥ **榕拟灯蛾** *Asota ficus*, 属拟灯蛾亚科Aganainae, 为中型美丽的蛾类, 前翅棕黄色, 带有红色和白色斑; 后翅暗黄色, 带有黑色斑点。

①

弄蝶科 Hesperiidae

- 体小型至中型;
- 颜色多暗,少数为黄色或白色;
- 触角基部互相接近,并常有黑色毛块,端部略粗,末端弯而尖;
- 前翅三角形;
- 幼虫喜食禾本科或豆科植物。

① **华西孔弄蝶** *Polytremis nascens*,翅色较深,特点是雄蝶性标分成两段,前翅中室内通常只有1个小白斑,容易辨认。多在林间活动。

② **大襟弄蝶** *Pseudocoladenia dea*,雄蝶斑纹黄色,雌蝶则为白色。喜在林间开阔地活动,常访花或者互相追逐。

②

凤蝶科 Papilionidae

- 体多属大型，中型较少；
- 体色彩鲜艳，底色多黑色、黄色或白色，有蓝色、绿色、红色等斑纹；
- 喙发达；
- 前后翅三角形；
- 多数种类后翅具尾突，也有的种类具2条以上的尾突或无尾突；
- 有些种类有季节型和多型现象。

① 柑橘凤蝶 *Papilio xuthus*，前翅正反面中室基半部有纵向黑色条纹，后翅臀角黄色斑内有黑色瞳点。这是国内最常见的凤蝶之一，在城市的绿化带也经常见到。

② 青凤蝶 *Graphium sarpedon*，无尾突，前翅只有1列与外缘平行的蓝绿色斑块形成蓝色宽带。飞行迅速，访花，见于水边吸水及在树冠处快速飞翔。图为常见凤蝶，城市内也经常见到。

③ 绿带燕凤蝶 *Lamproptera meges*，前后翅正反面的中带颜色为绿色或蓝白色，以此与燕凤蝶 *Lamproptera curia* 相区别。两种凤蝶经常在溪边混飞、吸水。

④ 丝带凤蝶 *Sericinus montelus*，尾突细长，体纤弱，雄蝶底色白色，雌蝶底色黑色并具白色斑纹，易与其他凤蝶区分。飞翔缓慢，多在寄主植物马兜铃附近活动（倪一农 摄）。

⑤ 阿波罗绢蝶 *Parnassius apollo*，前翅中带位置上的3个斑全为黑色且无任何红色鳞，后翅正面基部无清晰的红斑，亚外缘无明显的黑带。图为雄蝶（倪一农 摄）。

粉蝶科 Pieridae

- 体通常为中型或小型，最大的种类翅展达90 mm；
- 色彩较素淡，一般为白色、黄色和橙色，并常有黑色或红色斑纹；
- 前翅三角形；
- 后翅卵圆形，无尾突；
- 前足发育正常，有两分叉的两爪；
- 不少种类呈性二型；
- 雄性的发香鳞在不同的属位于不同的部位：前翅肘脉基部、后翅基角、中室基部，或腹部末端；
- 有些种类有季节型；
- 寄主为十字花科、豆科、白花菜科、蔷薇科等，有的为蔬菜或果树害虫。

1 **黑脉园粉蝶** *Cepora nerissa*，其雌雄色彩异型，雄蝶白色，雌蝶微黄。

2 **宽边黄粉蝶** *Eurema hecabe*，为最常见的粉蝶之一，季节多型现象明显，秋冬型前翅正面外缘斑纹多消失，翅反面褐色斑纹发达；春夏季节常见类型，前翅前角圆钝。多见访花或吸水。

蛱蝶科 Nymphalidae

- 体多为中型或大型，少数为小型；
- 体色彩鲜艳美丽，花纹相当复杂；
- 少数种类有性二型现象，有的呈季节型；
- 前足相当退化，短小无爪。

① **虎斑蝶** *Danaus genutia*，翅橙色，正反面各翅脉都有黑色条纹，前翅近顶角有白色斑纹，容易辨认。图为南方常见的斑蝶，喜访花。

② **紫斑蝶** *Euploea* sp.，翅正面蓝紫色，背面灰色，近缘种类较多，常见访花。

③ **箭环蝶** *Stichophthalma howqua*，体大型，雄蝶后翅反面黑色，中线距离其外侧的黑色鳞或暗色鳞区较远；雌蝶白色中带明显较宽。常在林间活动，发生期数量很多，喜吸食粪便。

④ **珍眼蝶** *Coenonympha* sp.，体橙黄色，眼状斑明显，后翅反面为褐色。

蛱蝶科 Nymphalidae

① **矍眼蝶** *Ypthima balda*，个体较小，内外2条中带大致走向平行，较底色为深，虽然模糊但能分辨；前翅正反面亚外缘线发达，眼斑周围淡色区明显，易与近缘种区分。

② **白带螯蛱蝶** *Charaxes bernardus*，前翅正面有宽阔的白色中带，反面底色斑驳，中域底色较其他区域淡，隐约可见一些淡色斑块连成不规则的带状。较为常见，飞行迅速，喜停在垃圾或腐烂的水果上吸食。

③ **紫闪蛱蝶** *Apatura iris*，翅黑褐色，雄蝶有紫色闪光。

④ **扬眉线蛱蝶** *Limenitis helmanni*，前翅中室内棒状纹较直，后翅反面亚外缘白色斑伴以模糊的灰色斑块。多在林间开阔地活动，喜在地面吸水。

⑤ **青豹蛱蝶** *Argynnis sagana*，雌雄异型，差异较大，雄蝶橙红色；雌蝶正面青黑色有金属光泽，并饰以白色带纹。喜在开阔地活动，常访花。

蛱蝶科 Nymphalidae

① **小红蛱蝶** *Vanessa cardui*，为世界广布种，易辨认，喜欢开阔环境，城市里也能见到，常见访花。

② **黑网蛱蝶** *Melitaea jezabel*，翅红褐色，外缘黑带宽，近缘种类较多。

③ **苎麻珍蝶** *Acraea issoria*，翅型狭长，翅黄色半透明状，飞行缓慢，易辨认。盛发期数量极多，常见于林区光线好的地段（吴超 摄）。

④ **朴喙蝶** *Libythea lepita*，下唇须极长，前翅在5脉尖出并折呈锐角，前翅中室棒纹不与中域斑融合，有明显的割断或勉强相连，后翅中带较窄。常见其停栖于光照较好的林区路上，喜在地面吸水。

灰蝶科 Lycaenidae

- 体小型，极少为中型种类；
- 翅正面常呈红、橙、蓝、绿、紫、翠、古铜等颜色，颜色单纯而有光泽；
- 翅反面的图案与颜色与正面不同，成为分类上的重要特征；
- 复眼互相接近，其周围有一圈白毛； ● 触角短，每节有白色环；
- 雌蝶前足正常； ● 雄蝶前足正常或跗节及爪退化；
- 后翅有时有1~3个尾突。

① **波蚬蝶** *Zemeros flegyas*，正反面底色以棕红色为主，密布白色斑点，极易识别。为常见的蚬蝶，林区路上易见。

② **豆灰蝶** *Plebejus* sp.，为常见的一类蓝色灰蝶。

③ **曲纹紫灰蝶** *Chilades pandava*，雄蝶正面紫蓝色，黑边窄，雌蝶仅中域为蓝色；反面淡棕色，后翅除了近前缘有2个黑点外，近基部也有清晰的黑点。

④ **豆粒银线灰蝶** *Spindasis syama*，前翅反面基斑不到前缘，后翅反面1室内的亚基部斑点不与其上侧的其他亚基斑融合，也不沿翅脉向外缘扩散伸展。多在林区活动，喜访花。

⑤ **尖翅银灰蝶** *Curetis acuta*，后翅斑纹通常呈"C"字形，顶角尖但不很突出。多见于林区边缘，喜在地面吸水。

膜翅目 HYMENOPTERA

后翅钩列膜翅目，蜂蚁细腰并胸腹；
捕食寄生或授粉，害叶幼虫为多足。

膜翅目是昆虫纲中第三大目，全世界已知10万余种，中国分布种类为25 000~30 000种，包括各种蜂和蚂蚁。膜翅目在进化过程中现存有两个大分支，一个是广腰亚目，形态结构原始，幼虫活动能力强，植食性，少数寄生性，比较常见的如叶蜂、扁蜂、树蜂等；另一个是细腰亚目，在进化过程中呈现出极强的适应能力，绝大多数幼虫缺乏活动能力，在成虫筑造的巢穴中由亲代哺育或在寄主体内体外发生各种寄生行为。在细腰亚目中，还出现了不同程度的社会性现象，松散原始的社会性出现在一些泥蜂和隧蜂中，高度发达的社会性出现在胡蜂和蜜蜂中。比较常见的细腰亚目成员有旗腹蜂、小蜂、姬蜂、胡蜂、蚁、蜜蜂等。

膜翅目昆虫为全变态，常为有性生殖、部分孤雌生殖和多胚生殖。成虫生活方式为独居性、寄生性或社会性。

膜翅目昆虫在生态系统中扮演着极为重要的两种角色：传粉者和寄生者。传粉者在各种生态系统类型中是生物多样性形成、维持和发展最重要的一环；寄生者中又通过化学适应辐射出外寄生、内寄生、盗寄生、重寄生等高度分化且特化的形式，毫不夸张地说，几乎所有昆虫都有其相应的寄生蜂。

▶ 主要特征

❶ 体小型至中型，个别大型；　　❷ 口器咀嚼式，少数种类上颚咀嚼式，下颚和下唇组成喙，为嚼吸式；

❸ 复眼1对，较发达，单眼3个，少数退化或无；

❹ 触角形状、节数以及着生位置变化较大，常丝状、念珠状、棍棒状、栉齿状、膝状等；

❺ 前胸背板的形状是否与肩板接触是重要的分类特征；

❻ 部分种类由腹部第一节并入胸部形成并胸腹节；

❼ 翅常2对、膜质，少数种类翅退化或变短；　　❽ 翅的连锁靠后翅前缘的翅钩列；

❾ 多数种类的翅脉较复杂，少数种类翅脉极度退化；　　❿ 腹部常10节，个别见3~4节；

⓫ 腹部基部是否缢缩变细是重要分类特征，部分种类第一腹节呈腹柄状；

⓬ 雌虫产卵器发达，其形状、着生位置因类群而异。

松叶蜂科 Diprionidae

- 体短宽，体长5~12 mm；
- 头部短宽；
- 上颚外观狭片状，具额唇基缝；
- 触角短，14~32节，雄性羽状，雌性短锯齿状；
- 前胸侧板膜面尖出，互相远离；
- 中胸小盾片发达，无附片；
- 后胸侧板不与腹部第一背板愈合；
- 主要分布于北温带针叶林中。

1 **荔浦吉松叶蜂** *Gilpinia lipuensis*，体黄褐色，粗壮，翅淡烟灰色透明，翅痣大部浅褐色，腹部具细横刻纹。

锤角叶蜂科 Cimbicidae

- 体长7~35 mm。　　● 头部短宽。
- 触角锤状，基部2节短小，第三节细长，端部3节甚膨大，常愈合。
- 后胸侧板与腹部第一背板愈合，愈合线不明显。　　● 前翅和翅痣狭长。
- 后翅具7~8个闭室。　　● 腹部腹侧平坦，背侧鼓起，侧缘脊发达。　　● 飞行快，具响声。
- 雌雄成虫常异型，有时雄虫还具两种类型：一类体粗壮，上颚十分发达，用于争斗；一类体较小，上颚弱。

2 **宝丽锤角叶蜂** *Abia* sp.，体黑色，具明显的金属铜色光泽；翅痣黄褐色，前翅前缘从基部到顶角具烟褐色带斑。

三节叶蜂科 Argidae

- 体长5~15 mm;
- 头部横宽;
- 上颚不发达;
- 触角3节, 第三节长棒状或音叉状;
- 前足胫节具1对简单的端距;
- 后翅具5~6个闭室, 臀室有时端部开放;
- 腹部不扁平, 无侧缘脊;
- 产卵器短, 有时很宽大, 副阳茎宽大;
- 幼虫多足形, 腹部具6~8对足, 常裸露食叶, 少数潜叶或蛀食嫩茎, 有些幼虫取食时腹端翘而弯。

❶ 尖鞘三节叶蜂 *Tanyphatnidea* sp., 体橙红色, 头部和触角黑色, 翅烟褐色; 体光滑, 无明显刻点; 头部小, 远窄于胸部, 背面观后头两侧强烈收缩。

叶蜂科 Tenthredinidae

- 体长2.5~20 mm;
- 头部短, 横宽;
- 上颚中等发达;
- 触角窝下位;
- 触角常9节, 少数属种少至7节或多达30节;
- 中胸小盾片发达;
- 产卵器短小, 常稍伸出腹端;
- 多数成虫有访花习性, 偶有捕食小型昆虫和蜘蛛的行为;
- 幼虫多足形, 腹部具6~8对足, 潜叶和蛀干种类有时部分退化;
- 幼虫常在寄主体表自由取食, 少数类群在寄主内部取食, 包括蛀芽、蛀茎、潜叶和做瘿4类。

❷ 槌腹叶蜂 *Tenthredo* sp., 体棕褐色, 具少数不明显的黑色条斑和较多淡黄色斑纹, 触角鞭节黑褐色, 翅浅烟黄色, 翅痣和前缘脉浅褐色。我国南部常见森林叶蜂, 活动于林缘、灌木林带。1年1代。成虫发生于春末至夏季, 外形和飞行动作均拟似胡蜂, 成虫有时取食其他昆虫包括小型叶蜂。

①

扁蜂科 Pamphiliidae

- 体多为中型;　●体扁平;
- 上颚狭长, 不对称;　●唇基宽大;
- 触角16~33节, 鞭节简单;
- 中胸小盾片具显著附片;
- 前足胫节具1对不等长的端距;
- 前翅翅脉多曲折;
- 腹部极扁平, 两侧具锐利边缘。

① **环斑腮扁蜂** *Cephalcia circularis*, 体黄褐色, 头部扁平, 复眼小, 互相远离; 前翅端部具环形黑色斑纹, 翅痣黑色。寄主为松属植物 (周纯国 摄)。

②

广蜂科 Megalodontesidae

- 体中型;　●背腹向扁平;　●上颚狭长, 唇基宽大;
- 复眼小, 间距宽;　●触角多于15节, 鞭节常具发达的叶片;
- 前胸背板短, 后缘较直;　●中胸背板短宽, 小盾片无附片;
- 翅常烟褐色;　●前翅翅痣狭长;　●腹部扁筒形, 无侧缘脊;
- 成虫飞行速度较快, 喜访花;　●幼虫群居, 取食伞形花科和芸香科植物等。

② **鲜卑广蜂** *Megalodontes spiraeae*, 体黑色, 具暗蓝色金属光泽, 翅烟黑色, 具紫色虹彩, 翅痣和翅脉均黑色; 头部很扁平, 触角约15节, 翅宽大, 翅脉多弯曲 (任川 摄)。

树蜂科 Siricidae

- 体中大型，长12~50 mm；
- 头部方形或半球形，后头膨大； ● 口器退化；
- 触角丝状，12~30节，第1节通常最长；
- 前胸背板短，横方形；
- 前翅前缘室狭窄，翅痣狭长；
- 后翅常具5个闭室； ● 腹部圆筒形；
- 产卵器细长，伸出腹端很长；
- 成虫不取食，卵产于茎秆内；
- 幼虫蛀茎，生活期为2~8年。

❶ **西藏大树蜂** *Urocerus gigas tibetanus*。

钩腹蜂科 Trigonalyidae

- 体小型或中型，10~13 mm；
- 体坚固，看似胡蜂，但触角长可区别；
- 触角26~27节，丝状；
- 上颚发达，一般不对称；
- 翅脉特殊，前翅有10个闭室，亚缘室3~4个，后翅有2个闭室；
- 腹部第一腹节圆锥形，第二腹节最大；
- 雌虫腹端向前下方稍呈钩状弯曲，适宜产卵于叶缘内面。

❷ **钩腹蜂科**昆虫寄生习性颇为特殊，雌虫将卵产在植物叶子背面，产下的卵暂不孵化，待寄主叶蜂或鳞翅目幼虫取食叶片把这些蜂卵吃进体内后才孵化为幼虫。

褶翅蜂科 Gasteruptiidae

- 体中型, 细长, 常黑色;
- 触角雄虫13节, 雌虫14节;
- 前胸侧板向前延长呈颈状;
- 前翅可纵摺, 翅脉发达;
- 后翅翅脉减少, 无臀叶;
- 雌虫后足胫节端部膨大;
- 腹部末端呈棍棒状, 第一腹节细长;
- 雌虫产卵管很长, 伸出腹端。

❶ 褶翅蜂 *Gasteruption* sp., 体黑色, 翅稍带烟色, 翅痣和翅脉黑色。盗寄生性, 雌虫钻入寄主巢穴, 在每个巢室内产1枚卵; 幼虫一般在独栖性蜜蜂的巢穴内先取食寄主的卵或幼虫, 后以寄主贮存的蜂粮发育。

冠蜂科 Stephanidae

- 体中型至大型, 体长35~60 mm, 细长;
- 头球形或近球形;
- 触角丝形, 30节或更多;
- 前胸常较长, 如颈;
- 前翅具翅痣, 后翅翅脉退化;
- 后足腿节膨大, 腹方常具齿;
- 腹部多细长如棒槌状;
- 产卵器细长, 伸出部分可达体长的2倍;
- 体多暗色, 有时具暗斑;
- 多半停息在死树干或受蛀虫严重为害的枝干上, 寄生鞘翅目和树蜂等茎秆蛀虫。

❷ 大型的**冠蜂**, 头部红色, 非常好看。

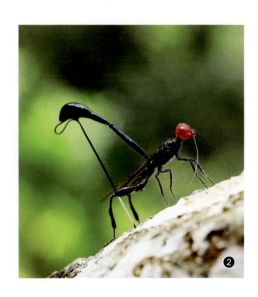

褶翅小蜂科 Leucospidae

- 体长2.5~16 mm;
- 体粗壮,体多黑色夹有黄纹;
- 复眼大;
- 触角13节;
- 前胸宽大;
- 中胸盾片多光滑;
- 后足基节特别大;
- 后足腿节极大;
- 前翅在静止时纵叠,可见原始翅脉痕迹;
- 腹部具宽柄,端部钝圆;
- 产卵管鞘长,弯向背面,腹部背面中央常有1条容纳产卵器的纵沟;
- 成虫常在伞形科和菊科植物上取食花蜜,也常见在橡柱中有木蜂为害的孔洞中进出。

❶ 形态特殊的**中华褶翅小蜂** *Leucospis sinensis*。

①

小蜂科 Chalcididae

- 体长2~9 mm,坚固;
- 体多为黑色或褐色,并有白色、黄色或带红色的斑纹,无金属光泽;
- 头、胸部具粗糙刻点;
- 触角11~13节;
- 胸部膨大;
- 翅广宽,不纵褶;
- 后足基节长,圆柱形;
- 后足腿节相当膨大;
- 后足胫节向内呈弧形弯曲;
- 跗节5节;
- 腹部一般卵圆形,有腹柄;
- 产卵器不伸出;
- 所有种类均为寄生性,多数寄生于鳞翅目或双翅目。

❷ 通体黑色的**小蜂科**种类。

②

长尾小蜂科 Torymidae

- 体一般较长，不包括产卵器长为1.1~7.5 mm，连产卵器可长达16 mm，个别长为30 mm；
- 体多为蓝色、绿色、金黄色或紫色，具强烈的金属光泽；
- 触角13节；
- 前胸背板小，背观看不到；
- 跗节5节；
- 腹部常相对较小，呈卵圆形略侧扁；
- 腹柄长，第二背板通常较长；
- 雌虫产卵器显著外露。

❶ 长尾小蜂的产卵器有时极度延长，**艾长尾小蜂** *Ecdamua* sp.，产卵期的长度几乎为体长的2倍。

榕小蜂科 Agaonidae

- 本科性二型明显，雄性翅短或无；
- 体长1~10 mm；
- 浅色或暗色，常有金属光泽；
- 一般骨化程度弱；
- 触角各样，有时少于13节，雄性短，3~9节；
- 跗节4~5节；
- 雌虫前翅不纵褶；
- 雌虫产卵管明显伸出或隐蔽；
- 雄虫前足和后足短而肥胖；
- 植食性传粉昆虫，生活于无花果等植物内，雌虫飞行于树间，雄虫常居果内。

❷ 榕树果实剖开后可以见到**榕小蜂**的成虫。

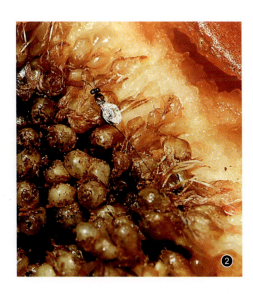

蚁小蜂科 Eucharitidae

- 体长1.7~11 mm；
- 体呈金属色泽，有些部分带黄色；
- 头胸部强度骨化；
- 头短小，横形；
- 触角不呈膝状；
- 前胸背板小，背观一般看不到；
- 小盾片常具长而成对的叉状端刺；
- 跗节5节；
- 腹部常相对较小；
- 腹柄长，第二背板常长，呈卵圆形略侧扁；
- 产卵管不伸出腹端；
- 内寄生或外寄生于蚁的幼虫和蛹。

① **角胸蚁小蜂** *Schizaspidia* sp.，胸部深色，常具金属光泽，刻点密集粗大，不规则，具腹柄；腹部光滑，色较胸部浅，常呈棕色、棕黄色、棕红色；触角雄虫梳状，雌虫栉状。蚁小蜂于蚂蚁幼期上营内寄生或外寄生。

金小蜂科 Pteromalidae

- 体小型至中型，体长1.2~6.7 mm；
- 头、胸部密布网状细刻点；
- 翅发达，个别短翅或无翅；
- 可寄生于大多数昆虫，有的为重寄生；
- 极少数种类为植食性，取食植物种子。
- 体常具金属的绿色、蓝色及其他彩虹颜色，一般光泽强烈；
- 触角8~13节；
- 前胸背板短至甚长，常具显著的颈片；
- 跗节5节；
- 产卵器从完全隐藏至伸出腹末很长；
- 部分主要为捕食性，捕食介壳虫和蜘蛛；

② 细长的**金小蜂**种类，具强烈金属光泽，腹部末端尖。

①

旋小蜂科 Eupelmidae

- 体小型至较大型，体长1.3~7.5 mm，在热带有的长达9 mm；
- 体常具强烈的金属光泽，有时呈黄色或橘黄色；
- 雌虫触角11~13节，雄虫触角9节，偶有分枝；
- 前胸背板有时明显呈三角形，延长；
- 跗节5节；
- 寄生于鞘翅目、鳞翅目、双翅目、直翅目、半翅目、脉翅目和膜翅目。

① 这种**旋小蜂**头部侧扁，触角膝状；翅面有暗色斑纹，体具金属光泽。

②

跳小蜂科 Encyrtidae

- 体微小型至小型，体长0.25~6 mm，一般为1~3 mm；
- 常粗壮，但有时较长或扁平；
- 体暗金属色，有时黄色、褐色或黑色；
- 头部宽，多呈半球形；
- 复眼大，单眼二角形排列；
- 雌虫触角5~13节，雄虫触角5~10节，雌雄触角颇不相同；
- 中胸盾片常大而隆起；
- 小盾片大；
- 中足常发达，适于跳跃；
- 腹部宽，无柄，常呈三角形；
- 寄主极为广泛，多数种类寄生于介壳虫。

② **粉蚧跳小蜂** *Aenasius* sp.，身体粗壮，黑色或棕黑色；头顶部眼间距约为1/4头宽，头部具大的如高尔夫球般显著刻点；触角柄节圆柱形，明显变宽或扁平；翅通常透明，有些种类染透明色斑。寄生性，单寄生于半翅目粉蚧科（雷波 摄）。

①

姬小蜂科 Eulophidae

- ● 体微小型至小型，体长0.4~6 mm；　　● 体骨化程度差；
- ● 体黄色至褐色，或具暗色斑，有时斑上或整体均具金属泽；
- ● 触角7~9节；　　● 跗节均为4节；　　● 腹部具明显的腹柄，一般为横形；
- ● 产卵器不外露或露出很长；　　● 寄生方式多样，变化很大，多为隐蔽性生活的昆虫幼虫。

① **姬小蜂**绝大多数种类寄生性，方式多样：内寄生、外寄生、容性寄生、抑性寄生、初寄生、重寄生，极少数营捕食性。寄主包括：鳞翅目、双翅目、半翅目异翅亚目、脉翅目、缨翅目等以及瘿螨和蜘蛛（雷波 摄）。

②

缘腹细蜂科 Scelionidae

- ● 体微小型至小型，体长0.5~6 mm；
- ● 体大多暗色，有光泽；
- ● 触角膝状，着生在唇基基部，距离很近；
- ● 雌虫触角11~12节，偶有10节，末端数节通常形成棒形，若棒节愈合亦有少到7节的；
- ● 雄虫触角丝形或念珠形，12节；
- ● 有翅，偶有无翅；
- ● 前翅一般有亚缘脉、缘脉、后缘脉及痣脉，无翅痣；
- ● 腹部无柄或近于无柄；
- ● 卵圆形，或纺锤形，稍扁；
- ● 卵寄生蜂，寄生于昆虫及蜘蛛的卵。

② 正在鳞翅目卵上寄生产卵的**缘腹细蜂**。

锤角细蜂科　Diapriidae

- 体微小型至小型, 体长1~6 mm;　　　● 黑色或褐色;
- 3个单眼很靠近, 正三角形排列;　　　● 触角平伸;
- 雄虫触角12~14节, 丝状或念珠状, 雌虫触角9~15节, 棒槌状;
- 前胸背板从上方刚可见;　　● 前翅翅脉退化, 无明显翅痣;
- 后翅具1个翅室或无;　● 常有无翅种类;　● 腹部少有柄, 极少有长柄。

❶ 褶翅锤角细蜂 *Coptera* sp. 大部分内寄生双翅目的蛹, 许多种类为聚寄生, 也可以是螯蜂、茧蜂或啮小蜂幼虫的重寄生蜂, 少数种类寄生甲虫 (雷波 摄)。

姬蜂科　Ichneumonoidea

- 姬蜂种类众多, 形态变化甚大;
- 体微小型至大型, 体长2~35 mm (不包括产卵管);
- 体多细弱;
- 触角长, 丝状, 多节;
- 翅一般大型, 偶有无翅或短翅, 具翅痣;
- 并胸腹节大型, 常有划纹、隆脊或隆脊形成的分区;
- 腹部多细长, 圆筒形、侧扁或扁平;
- 产卵管长度不等, 有鞘。

❷ 阿格姬蜂 *Agrypon* sp., 头、胸部红褐色, 布刻点; 触角黄褐色; 足黄色, 后足胫节端部带赤褐色; 腹部黄色; 第二节背板基半的倒箭状纹和后缘染褐色。

茧蜂科 Braconidae

- 体小型至中型，体长2~12 mm居多，少数雌虫产卵器长度与体长相等或长数倍；
- 触角丝状，多节；
- 翅脉一般明显，前翅具翅痣；
- 并胸腹节大，常有刻纹或分区；
- 腹部圆筒形或卵圆形，基部有柄、近于无柄或无柄；
- 产卵管长度不等，有鞘；
- 寄主均为昆虫，以全变态昆虫为主。

❶ **反颚茧蜂亚科** *Alysiinae* 的种类，体黑色，触角长，足为橘黄色。

螯蜂科 Dryinidae

- 体小型，体长2.5~5 mm；
- 雄虫有翅，部分雌虫无翅，体型和行动颇似蚁；
- 头大，横宽或近方形；
- 触角10节，丝形或末端稍粗；
- 雌虫前胸背板甚长；
- 雌虫前足比中、后足稍大，第五跗节与一只爪特化形成螯状；
- 雌虫腹部纺锤形或长椭圆形；
- 雌蜂产卵管针状，从腹末伸出，但不明显；
- 雄虫前胸背板很短，从上面几乎看不到；
- 雄蜂前足比中后足稍小，不成螯状；
- 雄虫前翅具矛形或卵圆形翅痣；
- 寄主全为半翅目头喙亚目昆虫。

❷ **螯蜂** *Dryinus* sp.，雌虫长翅，前翅有由黑化翅脉包围形成的前缘室、中室和亚中室。寄生性蜂类，寄主为蜡蝉总科若虫（雷波 摄）。

青蜂科 Chrysidae

- 体中型, 也有小型种类, 体长2~18 mm;
- 具青色、蓝色、紫色或红色等金属光泽;
- 头与胸等宽;　● 触角短, 12~13节;
- 胸部大;　● 前胸背板一般不达翅基片;
- 小盾片发达;
- 并胸腹节侧缘常有锋锐隆脊或尖刺;
- 足细;　● 后翅小, 有臀叶, 无闭室;
- 产卵器管状, 粗大或针状, 能收缩;
- 均为寄生性。

❶ 在泥蜂的巢穴上探索的**青蜂**。

蚁蜂科 Mutillidae

- 体小型至大型, 体长3~30 mm;　● 色鲜艳, 有短或长而密的毛, 故又称天鹅绒蚁;
- 性二型, 雄虫常有翅, 偶无翅, 雌虫完全无翅, 形极似蚁;
- 触角雌虫12节, 卷曲, 雄虫13节, 直;　● 复眼小;
- 雌虫胸部环节紧密愈合, 纺锤形或方匣形;
- 雄虫前翅有1~3个亚缘室, 有翅痣;　● 后翅有闭室;
- 多数寄生于蜜蜂、胡蜂、泥蜂的幼虫和蛹;
- 有些为捕食性, 袭击寄主仅为了取食。

❷ **眼斑驼盾蚁蜂** *Trogaspidia oculata*, 胸部赤褐色; 头部、胸部背面及腹部黑色部位的毛多为黑褐色至黑色, 腹部第二背板横列的3个椭圆形斑及第三背板后缘宽横带上的毡状毛黄褐色。

土蜂科 Scoliidae

- 体多数为大型,体长9~36 mm,体壮;
- 体大多有密毛;
- 雄虫体稍小而细长;
- 体色黑,并有白黄色、橘黄色或红色的斑点及带;
- 头略成球形,常较胸为狭;
- 触角短,弯曲或卷曲;
- 复眼大;
- 前胸背板与中胸紧接,不能活动,其后上方达翅基片;
- 足粗短,胫节扁平,有长鬃毛;
- 翅带烟褐色,有绿色或紫色虹光;
- 脉序不伸至边缘;
- 后翅有臀叶;
- 腹部延长。

❶ 钩土蜂 *Tiphia* sp.,体黑色,遍布白色长毛,翅黄色。

❶

蚁科 Formicidae

- 体小型至大中型；
- 真社会性生活的膜翅目类群，具3种品级：工蚁、后蚁及雄蚁，少数社会性寄生的种类无工蚁；
- 若有翅，则后翅无轭叶和臀叶，具1个或2个闭室；
- 触角膝状，柄节很长，后蚁和工蚁10~12节，雄蚁10~13节；
- 腹部第二节，或第二至第三节特化成独立于其他腹节的结节状或鳞片状；
- 腹末具螫针，有刺螫功能（猛蚁亚科和切叶蚁亚科），或螫针退化无刺螫功能，而代之以臭腺防御（臭蚁亚科），或形成能喷射蚁酸的喷射构造（蚁亚科）。

❶ **山大齿猛蚁** *Odontomachus monticola*，属猛蚁亚科Ponerinae，体褐黄色至黑褐色；上颚发达，前伸，显得十分威猛；腹部末端有螫针，被螫刺后会有明显疼痛感，但对人体无较大伤害。

❷ **双凸切叶蚁** *Dilobocondyla* sp.，属切叶蚁亚科Myrmicinae，头部和后腹部黑色，胸腹和结节褐红色；第一结节圆柱形，无明显的结，第二结节椭圆形。活跃树上，取食植物蜜露、昆虫尸体。

❸ **黄猄蚁** *Oecophylla smaragdina*，属蚁亚科Formicinae，体锈红色，有时为橙红色；全身有十分细微的柔毛；立毛很少，仅限于后腹末端；体具弱的光泽。

❹ **弓背蚁** *Camponotus* sp.，雌雄交配状。

蛛蜂科 Pompilidae

- 体小型至大型，体长2.5~50 mm；
- 体色杂而鲜艳，有黑色、暗蓝色、赤褐色等，其上有淡斑；
- 触角雌虫卷曲，12节，雄虫一般线形，13节，死后卷曲；
- 复眼完整；
- 上颚常具1~2齿；
- 前胸背板具领片，其后缘拱形，与中胸背板连接不紧密，后上方伸达翅基片；
- 中胸侧板有1条斜而直的缝分隔成上、下两部；
- 翅甚发达，带有晕纹或赤褐色，翅脉不达外缘；
- 足长，多刺；
- 腿节常超过腹端；
- 腹部较短，雌性可见6节，雄性7节；
- 腹部前几节间无缢缩，仅少数具柄；
- 寄生于蜘蛛，是典型的狩猎性寄生蜂。

❶ 蛛蜂成虫常在地下、石块缝隙或朽木中筑巢，也有利用其他动物废弃的巢穴，或昆虫的蛀道和有隧道植物的茎干，将猎物放入巢中，供幼虫取食。此为**蛛蜂属** *Pompilus* 的种类。

❶

胡蜂科 Vespidae

- 雌虫（后蜂及工蜂）触角12节，雄虫13节；
- 复眼内缘中部凹入；
- 上颚闭合时呈横形，相互搭叠，但不交叉；
- 前胸背板向后达翅基片；
- 中足基节相互接触，中足胫节2距；
- 停息时翅纵褶；
- 腹部第一背板和腹板部分愈合，背板搭叠在腹板上；
- 第一、二腹板间有一明显缢缩；
- 社会性行为的昆虫类群，生活习性较复杂，亲代个体间不但共同生活在一起，还有合作关系。

① **马蜂** *Polistes* sp.，体为黄色间有黑色；中胸背板具2条相对较窄而短的纵向黄色斑纹，腹部第一节基部为黑色，腹部第二节背板中部有横带状的2个黄斑，紧邻端部黄色边缘。

② **侧异腹胡蜂** *Parapolybia* sp.，头顶及中胸背板为红棕色；腹部第一节至第六节背板端部两侧分别具1白色横斑。

③ **秀螺蠃** *Pareumenes* sp.，中足胫节具1端距；胸腹节向下倾斜，向后延长成2尖齿状突起；腹部第一节窄于其他节并呈钟形延长。

④ 身材及其"苗条"的**侧狭腹胡蜂** *Parischnogaster* sp.，蜂巢成串排列在植物的小细枝条上，像是一个个小巧的单间宿舍，跟其他胡蜂迥然不同。

⑤ **金环胡蜂** *Vespa manderinia*，体色两种以上，腹部除第六节背板、腹板为橙黄色外，其余各节背板均为棕黄色与黑褐色相间。

蜜蜂科 Apidae

- 体小型至大型，体长2~39 mm；
- 体多数被绒毛或由绒毛组成的毛带，少数光滑，或具金属光泽；
- 中胸背板的毛分枝或羽状；
- 雌虫触角12节，雄虫触角13节；
- 前胸背板短，后侧方具叶突，不伸达翅基片；
- 后胸背板发达；
- 翅发达，前后翅均有多个闭室；
- 后翅具臀叶，常有轭叶；
- 腹部可见节，雌虫6节，雄虫7节；
- 前足基跗节具净角器；
- 多数雌虫后足胫节及基跗节扁平，并着生由长毛形成的采粉器，一些种转节及腿节具毛刷。

❶ **西方蜜蜂** *Apis mellifera*，为广泛人工饲养的种类，工蜂、雌性蜂王与雄蜂分化明显。不同地区具有不同亚种及生态型。真社会性，喜访开放型花，酿蜜。引入种，已遍布我国。

❶

蜜蜂科 Apidae

① **黑胸无刺蜂** *Trigona pagdeni*，头宽于胸，腹部宽短，栗红色；足黑色，被黑毛；后足胫节花粉篮外侧被深褐色毛。社会性，访花酿蜜。在树洞、石缝等场所筑巢，巢口用口器腺体分泌物造成喇叭口状。

② **熊蜂** *Bombus* sp.，全体密被长毛，毛色鲜艳，由黄色、橙色、灰白色、黑色组成；3个单眼呈直线排列；雌蜂及工蜂后足胫节特化为采粉器官。真社会性，访花酿蜜。

③ **木蜂** *Xylocopa* sp.，体大型，粗壮，体黑色，胸部密被毛，黄色；翅深色，多有金属光泽。访问植物众多，是很多经济作物的有效传粉昆虫。多在枯木、竹、木材、房屋木质结构中钻洞筑巢，少数种类在土中筑巢。

④ **凹盾斑蜂** *Crocisa emarginata*，体黑色，具蓝色毛斑，体上密布细刻点；翅深褐色。盗寄生性，寄主为其他蜜蜂类。图为正在侵入无垫蜂 *Amegilla* sp. 巢穴的凹盾斑蜂及在洞口防范入侵的无垫蜂。

① 夜间聚集在一起休息的**地蜂**。

地蜂科 Andrenidae

- 体小型至中型；
- 触角窝至额唇基缝间有2条亚触角沟，其间为亚触角区；
- 中唇舌轻短，端部尖；
- 下唇须各节等长或第一节长而扁（少数者第二节也如此）；
- 中足基节外侧的长度明显短于基节顶端至后翅基部的距离；
- 后翅有臀区。

② **彩带蜂** *Nomia* sp., 分布于西藏东南部。

隧蜂科 Halictidae

- 体小型至中型；
- 下颚须前部的盔节长而窄，一般与须后部等长；
- 下唇须各节等长，圆柱状；
- 中胸侧板前侧缝一般完整；
- 后胸盾片水平状；
- 前翅基脉明显弯曲呈弓形；
- 中足基节外侧的长度明显短于基节顶端至后翅基部的距离。

准蜂科 Melittidae

- 上唇宽度大于长度；
- 无亚触角区，触角缝一般伸向触角内缘；
- 唇基端缘正常或稍向后弯；
- 下唇须各节等长，圆柱状；
- 中足基节明显短于或等于自基节顶端到后翅基部之长；
- 毛刷仅限于后足胫节及基跗节；
- 绝大多数种类都是寡食性。

① **日本毛足蜂** *Dasypoda japonica*（袁峰 摄）。

切叶蜂科 Megachilidae

- 体多为中型；
- 亚触角沟伸向触角窝外侧；
- 上唇长大于宽，与唇基相连处宽；
- 中唇舌细长而尖；
- 下唇须前2节长，呈鞘状；
- 下唇亚颏呈"V"形；
- 中足基节外侧长度超过从基节顶端至后翅基部的2/3；
- 前翅具2亚缘室；
- 雌虫采粉器位于腹部腹面。

② **凹唇壁蜂** *Osmia excavata*，体黑色，带有绿色光泽。在芦苇和竹竿中做巢，巢口用泥土堵塞，表面颗粒状。

泥蜂科 Sphecidae

- 体小型至大中型；　● 一般体色暗，具红色、黄色或白色斑纹，有些类群体具蓝色或绿色金属光泽；
- 一般上颚发达；　● 雌虫触角12节，雄虫触角13节；
- 前胸短，横形，与中胸连接紧密，后上角不伸达翅基片；　● 中胸一般发达，背面具纵沟；
- 并胸腹节发达；　● 一般足长，转节1节；　● 胫节及跗节具刺或栉；　● 中足胫节距1个或2个；
- 前翅翅脉发达，有翅痣；　● 腹部具细长柄或无柄；　● 雌虫螫刺一般发达；
- 体光滑裸露，被稀毛，某些类群头部或胸部被密毛，或腹部有毛带，毛不分枝；
- 一般为独栖性蜂类，少数聚居于同一筑巢场地；
- 猎物范围极广，可猎杀各种昆虫或其他节肢动物等，部分类群食性专一。

❶ 蠊泥蜂 *Ampulex* sp.，体金属绿或蓝色。在土中或枯木孔道中筑巢，捕猎蜚蠊目昆虫，将猎物麻醉存贮在洞中，于其上产卵。

❷ 沙泥蜂 *Ammophila* sp.，为红黑相间的常见泥蜂。沙土中掘洞筑巢，捕猎鳞翅目幼虫或膜翅目幼虫，将猎物麻醉存贮于洞中，于其上产卵。

❸ 斑沙蜂 *Bembix* sp.，复眼绿色，胸部黑色，带有黄绿色斑点；腹部黑白相间，白色中透着翠绿颜色。在沙地筑巢。

❹ 节腹泥蜂 *Cerceris* sp.，体小型，体黑色的种类，胸部和腹部橙黄色；翅透明，顶角黑色，腹部分节明显。

后 记

　　自从2014年5月《昆虫家谱——世界昆虫410科野外鉴别指南》出版以来，该书就受到了广大昆虫研究者、生物专业学生和爱好者们的喜爱。很多生物系的学生把它当作野外实习的重要参考书，昆虫夏令营的孩子们更是书不离手，甚至有些同学将书不远万里背到了婆罗洲。这一切都是对这本书的肯定，也让我无比欣慰。

　　然而，这本书作为野外用书，还是感觉有些厚重，出版一本方便携带的简化版《昆虫家谱》，显得尤为迫切。

　　《昆虫家谱（便携版）》根据原书内容进行了大幅调整：第一，改正了原书中的一些错误；第二，删除了全部成虫以外的图片内容，这些内容本来也是不成体系的；第三，每个科减少图片数量，形态接近的种类尽可能不用；第四，相应调整了文字的内容，并删除了拍摄地点等信息；第五，每个目开篇的图片由生态照片换成了手绘图；第六，更换了一批图片，这些图片多为本人近几年所拍摄，其中值得一提的是2017年8月在日本山梨县拍到的梦寐以求的蛩蠊目昆虫野外生活照片，这是我苦苦寻觅三十二年的一个梦想，能够印在书中也是值得庆贺的。

　　但是，为保证科学性的完整，关于科的特征描述，以及对照片中昆虫形态特征的描述均未减少。当然，如果想更多了解昆虫分类的全貌，建议还是结合原书阅读为好。

2017年9月12日于重庆

致　谢

单凭一个人的力量是不可能完成此书的!

在本书各论的每一章节开篇,即介绍各个目(纲)的内容之前,我都借用了恩师杨集昆教授编写的《昆虫分目"科普诗"》。但由于这些诗写作时间较为久远,其中的一些分类地位已经有所变动,无法适应当前的需要,因此斗胆参考原诗的风格,修改或重新草拟了九首,分别是原尾纲、弹尾纲、双尾纲、昆虫纲、石蛃目、衣鱼目、螳螂目、虱目、半翅目。如有不妥和谬误之处,还望各位读者和师友海涵并指正。

昆虫鉴定（排名不分先后）：

彩万志教授和李虎博士（异翅亚目）

刘星月教授（蛇蛉目、广翅目、双翅目、啮虫目）

梁飞扬博士（啮虫目）

杨连芳教授和王备新博士（毛翅目）

张浩淼博士（蜻蜓目）

魏美才教授和李泽建博士（叶蜂）

韩辉林博士（蛾类）

张旭（小蜂、细蜂）

王宗庆教授（蜚蠊目）

吴超（直翅目）

刘晔（鞘翅目）

许浩博士（拟步甲等）

张加勇博士（衣鱼目、石蛃目）

刘炳荣博士（等翅目）

梁爱萍研究员（蜡蝉总科）

孟泽洪博士（头喙亚目）

计云（头喙亚目、鞘翅目）

常凌小博士（伪瓢虫科）

袁峰（蜜蜂）

陈睿博士（蚜虫）

白明博士（蛩蠊目）

王志良博士（象甲）

张婷婷博士（水虻）

图片摄影（排名不分先后，未注明者均为作者本人拍摄）：

刘 晔 王 江 吴 超 李元胜 倪一农 雷 波 寒 枫
林义祥 周纯国 陈 尽 张宏伟 任 川 袁 峰 刘明生
郭 宪 莫善濂 张 超 Andy Murray Reinhard Predel

绘图

张 羿（各类群线条图） 夏吉安（肖像漫画）

张巍巍

　　1968 年生于北京，著名集邮家、昆虫学者、科普作家、生态摄影师。曾发表现生及琥珀化石昆虫新分类阶元若干，其中包括缅甸琥珀中的化石新目：奇翅目 Alienoptera。合著有专著《Catalogue of The Stick-Insects and Leaf-Insects of China（中国竹节虫目录）》，编写或主编有《昆虫家谱：世界昆虫 410 科野外鉴别指南》《凝固的时空：琥珀中的昆虫及其他无脊椎动物》《中国昆虫生态大图鉴》《常见昆虫野外识别手册》《特鲁斯马迪山动物图典》《邮票图说昆虫世界》及《蜜蜂邮花》等书籍。

 新浪微博
混世魔王张巍巍

 微信公众平台
巍巍昆虫记